サンゴ礁を彩るブダイ
潜水観察で謎をとく

桑村哲生 著

はしがき

　みなさんは、サンゴ礁の海を泳ぐブダイを見たことがあるだろうか。

　マスクとシュノーケルとフィンをつけてサンゴ礁の海に入ると、足がつくような浅いところから、さまざまな形をしたサンゴを見ることができる。テーブル状、枝状、塊状などで、茶色っぽい色をしたものが多いが、緑、青、ピンク系もまじっている。そして、そこにはカラフルな魚たちが舞っている（図 0-1）。これらの魚たちは、サンゴを隠れ家として、あるいは餌場として、あるいは産卵場所として利用しており、もしサンゴが大規模に死ぬようなことがあると、魚たちの数も種類数も激減してしまう。

　私は沖縄に 30 年間通い続け、サンゴ礁の海に潜って、そこに住む魚たちのさまざまな行動や生態を調べてきた。主な調査地は沖縄本島の北西岸にある瀬底島と、さらに南方の、台湾の東に位置する八重山諸島の西表島である（巻末の付図に示した世界地図を参照：99 ページ）。

　この本では、そこで調べてきた魚たちのうちから「ブダイ」と呼ばれる仲間の生活を紹介したい。

　ブダイ類はニシキゴイのようなカラフルな体色をしているものが多く、全長数十センチメートルから最大 1 メートルを超えるような種類もいる。沖縄などサンゴ礁で囲まれた島々では漁獲されて、刺身や煮付けにして食べられている。

ブダイという名前の由来は、マダイに比べて顔が不細工に見えるから「不鯛」「醜鯛」になったとか、大きなウロコが武士の鎧のように見えるので「武鯛」だとか、舞うように泳ぐ姿から「舞鯛」と

図 0-1　サンゴ礁（上）とカラフルな魚たち（下）

呼ばれるようになったとか、諸説があるようだ。

　分類学的には以前はブダイ科という独立した科として扱われてきたが、最近の研究によると、ベラ科の中の1つのグループとして含まれてしまうことがわかってきた（図0-2）。ベラ科はブダイ類約100種のほかに約500種のベラ類を含み、サンゴ礁でもっとも繁栄していて、もっとも色鮮やかで目立つグループだといってよい。同じくサンゴ礁でよく目立つスズメダイ科や、淡水魚でもっとも多くの種を含むカワスズメ科（シクリッド科）と親せき関係にあると考えられてきたが、これらとは縁が遠く、タイやフグに近い仲間だという説もある。

　ブダイ類のほとんどは熱帯サンゴ礁が主な生息域で、太平洋だけでなく、インド洋やカリブ海のサンゴ礁にも分布している（巻末付図：99ページ）。日本沿岸でみられるブダイ類としては、本州南岸にブダイとアオブダイという2種が生息しているが、やはり種類数が多いのはサンゴ礁が発達した沖縄で、30種以上が確認されている。

　しかし、日本ではサンゴ礁のブダイ類について詳しく紹介した本はない。

　この本では、沖縄のサンゴ礁に生息するブダイ類を中心に、サンゴとどのような関係をもちながら、どこで、何を食べ、どのようにして子孫を残しているのか、その生活ぶりを紹介したい。

　その際、なぜブダイ類がそういう性質・特徴をもつに至ったのかについて、生物の進化論をベースにした「行動生態学」という分野の見方で説明していきたいと思う。

ブダイ類の生活について知ると同時に、行動生態学ではどういう考え方で生物を理解しようとしているのか一緒に見て行こう。

なお、本書に登場するブダイ類の和名と学名を巻末の**付表**（98ページ）にまとめておいたので、参考にしてほしい。

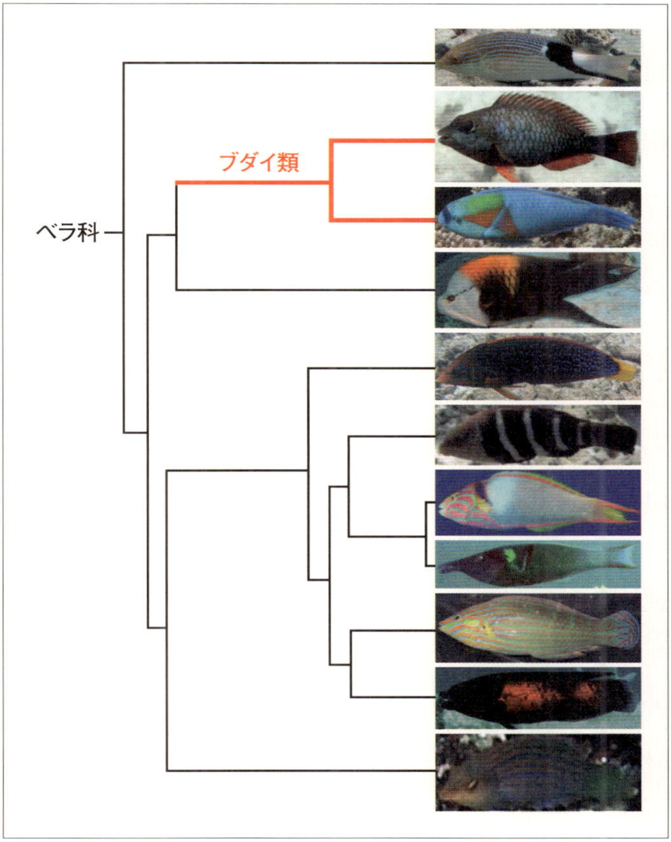

図 0-2 ベラ科の中のブダイ類の位置
　一部の種の写真を示し、それらの系統関係を線で結んで示した。これを系統樹と呼ぶ。左に行くほど古い時代で、共通の祖先から枝分かれしてきたことを表している

目次

はしがき ……………………………………………………… 2

第1章
サンゴをかじる？－ブダイの摂餌行動 …………… 8

サンゴについた白い歯型／サンゴをかじる音／サンゴの構造／共生藻／サンゴの成長／犯人探し／犯人は複数／死んだサンゴをかじるブダイ類／ブダイ類の歯／ブダイのウンチと白い砂浜／サンゴ礁の維持と再生

第2章
ブダイの夜と昼－サンゴ礁の使い分け ………… 30

沖縄のブダイ漁／ブダイの寝袋／群れで移動／サンゴ礁の地形／産卵場所と卵の性質

第3章
いつ卵を産むべきか？ ……………………………… 43

産卵時刻／満潮後産卵／早朝産卵の発見／なぜ早朝産卵するのか？／産卵時刻を決める要因

第4章
なぜ種ごとに違うのか？（体色の進化1）……… 52

緑色の刺身／派手な雄と地味な雌／幼魚と成魚／進化のしくみ／自然選択／別種になるプロセス／適応度が同じなら

第5章
なぜ雌雄で違うのか？（体色の進化2）………… 64

性差の進化－性選択／雄と雌の違い／大きくて派手な雄／配偶者選択と種多様化／性転換／小さくて地味な雄

第6章
水中を舞う―ブダイの配偶行動 ……………………… 77

大きな雄のなわばり／ペア産卵／小さな雄のスニーキング／グループ産卵／派手な雄のグループ産卵／カンムリブダイの大集団産卵／配偶システム―ブダイ社会のまとめ

第7章
おわりに―行動生態学の考え方 ………………… 95

付表・付図 …………………………………………… 98
参考資料・図書 ……………………………………… 100
あとがき ……………………………………………… 101

第1章 サンゴをかじる？－ブダイの摂餌行動

サンゴについた白い歯型

　那覇空港から高速バスで1時間45分、沖縄本島北部の名護市に着く。さらに北西に30分ほど車を走らせ、本部半島の瀬底大橋を渡ると瀬底島だ。そこに琉球大学の瀬底実験所（現在の名称は瀬底研究施設）がある。サンゴをはじめ、さまざまな海の生物について研究するため、国内外から研究者が訪れる研究拠点だ。

　その実験所のすぐ前には、白い砂浜と青いサンゴ礁の海が広がっている（図1-1）。私が30年以上通い続け、魚類の行動や生態についてさまざまな研究をしてきたフィールド（調査地）である。野外

図1-1　琉球大学瀬底研究施設前の海
　　　岸から約100メートル沖までサンゴ礁が発達している。それより沖は砂地で、パッチリーフと呼ばれる小さなサンゴ礁が点在する。向こうに見えるのは沖縄本島

第1章 サンゴをかじる？－ブダイの摂餌行動

調査のことをフィールドワークというが、この本ではフィールドワークでわかったことを中心に紹介していきたい。

実験所の桟橋から海に入ると、枝状やテーブル状のサンゴにまじって、ひときわ大きな、丸い岩の塊のようなサンゴが点在している。ハマサンゴの仲間である（図 1-2）。茶色っぽい色をしており、大きいものは直径 5 メートル以上にもなる。

沖縄では、塊状になるハマサンゴ類はコブハマサンゴなど 5 種以上記録されているが、外見（写真）だけでは種の判定は難しいとされているので、ここではハマサンゴの仲間という表現にしておく。

とくに浅いところでは、大潮の干潮のときに潮が引いて一部が空気中に露出して死んでしまい、上面が平らで横方向にだけ成長した形になっているものも多い（図 1-3）。死んだ上面には藻類がびっしりと生えている。

このハマサンゴをよく見ると、白い歯型のようなキズがたくさんついていることがある（図 1-4）。長さ 1 センチメートル前後、幅数ミリメートル、深さ 1～2 ミリメートルほどの細長い白いキズが、「上下」に 2 つ対になって並んでいることが多く、ちょうど上下の歯でかじった跡のように見える。

図 1-2 塊状ハマサンゴ

図 1-3 上面が死亡して藻類が生えているハマサンゴ（水面から撮影）

図1-4　ハマサンゴについた歯型のような白いキズ

沖縄の海に潜りはじめた何十年も昔から、このことには気づいていたが、とくに気にとめることはなかった。たぶん、ブダイがかじったのだろう、そういう話をどこかで聞いたことがある、と。

サンゴをかじる音

　圧縮空気の入ったタンク（ボンベ）を背負い、吸い込む空気の圧力を調整するレギュレーターをくわえて、スキューバ潜水をしていると（図1-5）、ブクブクという自分の出す排気音のほかにも、さまざまな音が聞こえてくる。

　水は音をよく伝えるので、たとえば遠くを走る船のエンジン音も、すぐ近くを走っているかのように聞こえてくる。あるいは、耳を澄ませば、小さなテッポウエビがパチンとハサミを鳴らす音が聞こえたりもする。さらに、ゴツゴツとサンゴをかじるような音も。

　そう、サンゴをかじる魚がいるのだ。カンムリブダイは、その出っ張った歯で、ミドリイシ類など枝状サンゴの先をバリバリとかじる（図1-6）。英語ではバッファロー・フィッシュと呼ばれることもあるそうだが、まるでバッファローの群れのように、かじったあとに土煙を上げながら群れで移動する。クジラのように大きいという意味なのか、沖縄ではクジラブッタイ（クジラフッタイ）

 第1章　サンゴをかじる？ －ブダイの摂餌行動

図1-5　スキューバ・ダイビング（西表島）

図1-6　サンゴをかじるカンムリブダイの群れ（越智隆治撮影）

とも呼ばれ、ブダイ類の中でもっとも大きくなる。最大全長1.3メートル、体重46キログラムという記録もあり、25年以上生きると推定されている。

　しかし、大型であるがゆえに、沖縄をはじめ世界各地のサンゴ礁で大量に漁獲され、個体数が著しく減ってしまった。瀬底島周辺ではカンムリブダイを一度も見たことがない。さらに南方の西表島の調査地でも、塊状ハマサンゴにはたくさんの歯型がついていたが、カンムリブダイは見たことがない。カンムリブダイがいなくなったところでも、ハマサンゴには歯型がついているのだ。

　では、いったいだれがつけたのだろう？　あるとき、急に気になりはじめた。

サンゴの構造

　この謎をとく前に、そもそもサンゴ礁をつくっているサンゴとはどんな生き物なのか、簡単に説明しておこう。

　サンゴといえば、赤やピンクの宝石として利用されている珊瑚（サンゴ）を思い浮かべる人も多いだろう。宝石サンゴ類は深い海に住み、樹枝状の形をしており、石灰質のち密で固い骨格をもっている。

　一方、サンゴ礁をつくるサンゴは、浅い海に住み、造礁サンゴあるいはイシサンゴと呼ばれている。その名の通り、石のように固く、植物のように海底に生えているが、腔腸動物あるいは刺胞動物と呼ばれる動物の仲間である。実は、イシサンゴとは似ても似つかぬ、

第1章 サンゴをかじる？ーブダイの摂餌行動

やわらかい体をしたクラゲやイソギンチャクも同じ腔腸動物の仲間なのだ。

サンゴも卵を産み、プラヌラと呼ばれる幼生の間は、海流に流されて浮遊しながら生活する（一部の種類では親の体内で保育される）。やがて海底に降りて岩盤に付着すると、ポリプ（個虫）と呼ばれる小さなイソギンチャクのような形になる。つまり、付着した部分とは反対側に口があき、口のまわりにはたくさんの触手がのびる（図1-7）。この触手に刺胞細胞という毒針を発射する細胞があり、プランクトンなどを捕まえて食べるのだ。クラゲに刺されると痛いのも、触手に刺胞細胞をもっているからだ。

クラゲやイソギンチャクもそうだが、サンゴのポリプには出入り口は1つしかない（図1-7）。触手で捕まえた餌を口に入れると、腔腸と呼ばれる消化管で消化し、消化しきれなかったものはまた口からはき出すのだ。

クラゲやイソギンチャクと違うのは、サンゴのポリプは自分のまわりに石灰質を分泌して固い骨格をつくる点だ。これは貝殻と同じ成分で、海水中の二酸化炭素とカルシウムから炭酸カルシウム（石灰質）を合成するのだ。なぜ石灰質を分泌するのかといえば、貝

図1-7　大きなポリプをもつキサンゴの仲間
たくさんの触手をのばし、花が咲いているように見える。真ん中にあるのが口

類（軟体動物）と同様に、やわらかい体を敵から守るためにほかならない。

　ポリプは分裂して増えていき、さらに石灰質を分泌して、塊状や枝状やテーブル状のサンゴの骨格ができあがる（図 1-8）。この骨格全体を群体と呼ぶ。1つの群体の石灰質の骨格にはたくさんの小さな穴があいており、それぞれにポリプが入っていて、触手をのばして餌をとり、敵がくると穴に引っ込む。たくさんのポリプが石灰質のアパートで共同生活しているのだ。

　ただし、群体という用語は、1つのポリプを1個体とみなしてその群れ（集合体）という意味で使用されてきたものだが、実際には1つの受精卵から発生したポリプが細胞分裂によっていくつものポリプに増えていくので、1つの群体のすべてのポリプは同じ遺伝子

図 1-8　枝状やテーブル状のイシサンゴ類
　　　　石灰質でできた固い骨格をもつ

をもつ。つまり、1本の木と同じように、群体全体を1個体とみなすこともできる。枝状の群体の1本の枝が折れて波に流され、それが岩の間に挟まって固定され、やがて成長して1つの群体になることもある。このようにして自分の分身を増やしていくのを無性生殖と呼んでいる。一方、雄と雌という2つの性があって、卵と精子が受精して子どもをつくる場合は、有性生殖と呼ばれている。サンゴはどちらの生殖方法もできるのだ。

共生藻

　共同生活といえば、サンゴのポリプの中には、褐虫藻という小さな藻類がたくさん共生している。藻類は隠れ家を手に入れ、サンゴは藻類が光合成してつくった有機物を餌としてもらう。お互いにメリット（利益）のある関係なので、これを相利共生といい、褐虫藻のことを共生藻とも呼ぶ。

　サンゴにとって褐虫藻が必要不可欠なパートナーであることは、1998年に世界的規模で起こったサンゴの白化によって明らかになった。もともとサンゴは暖かい熱帯の海で繁栄してきた動物だが、水温が上がりすぎて30℃を超える日が続くと、褐虫藻が出て行ってしまう。そうするとサンゴの色は白っぽく、あるいは、ごく薄い蛍光ピンクやブルーになる（図1-9）。これはサンゴ自身がつくった蛍光タンパク質の色だが、ふだんの色は主に褐虫藻の色で（したがって茶色系のサンゴが多く）、ポリプ自身は無色透明に近いのだ。

図 1-9　共生藻が抜けて、薄いピンクやブルーの蛍光色を示すサンゴ

　そして、褐虫藻がいない状態が1カ月も続くと、サンゴの色はやがて真っ白になってしまう。つまり、石灰質（炭酸カルシウム）の白い色になってしまう。ポリプが餓死してしまったのだ。自らの触手で餌をとることもできるけれど、それだけでは足りず、褐虫藻が光合成によってつくり出す有機物に依存していることが、自然の大規模実験で実証されたのだ。

　造礁サンゴ類が浅い海に住むのは、水が太陽の光を吸収するため、深くなると光が届かなくなるからだ。浅い海ほど強い光が届き、共生藻が光合成するのに都合がよいのである。

　なお、サンゴの大規模白化の原因は高水温だけではない。オニヒトデの大発生によるサンゴの大規模白化も、沖縄をはじめ世界各地のサンゴ礁でくりかえし記録されている。オニヒトデはサンゴに取り付くと、口から外に出した胃を裏返して広げ、サンゴ群体に密着

第1章　サンゴをかじる？－ブダイの摂餌行動

してポリプを消化吸収する。ポリプが食べられたあとは、真っ白な石灰質の骨格だけが残る（図1-10）。

図1-10　オニヒトデ（左上）に食べられて白くなったサンゴ（右下のテーブル状サンゴの左半分）
中央の3つのテーブルサンゴは食われてから時間が経ち、死んだ骨格に石灰藻など微小藻類が生えている

サンゴの成長

そろそろハマサンゴの話にもどろう。ハマサンゴの塊もたくさんのポリプからなる群体である。1つ1つのポリプが納まる穴のことを莢（さやという意味）と呼ぶが、ハマサンゴ類の莢の口径は約1.5ミリメートルとごく小さい。

したがって、幅数ミリメートル、長さ1センチメートルの歯型がつくと、いくつものポリプがかじられてしまうことになる（図1-11）。そのあとはどうなるのだろうか？

歯型がついたハマサンゴを写真撮影してその様子をしばらく追跡調査してみたところ、歯型の数は増えたり減ったりするが、新しくついた歯型は1カ月あまりで消えてしまうことがわかった。

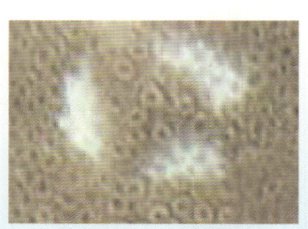

図1-11　ハマサンゴの歯型のクローズアップ
たくさん見える小さな丸い穴がポリプが入っている莢

17

サンゴが成長して、つまり石灰質を分泌しつつポリプが増えていき、キズを治してしまうのである。何度かじられても、この程度の歯型ならハマサンゴにとっては致命傷にはならないようだ。群体全体の成長も調査してみたが、歯型がついても、全体の成長にはたいした影響はなさそうだった。
　実は、ハマサンゴは高水温にもけっこう耐えることができて、オニヒトデにもあまり好まれないので、大規模白化が起こっても最後まで生き残っている種類なのだ。1998年に高水温による大規模白化で枝状やテーブル状のサンゴが死に、数年経ってそれらの石灰質の骨格がくずれ去ると、塊状ハマサンゴばかりが目立つようになった。それが歯型の存在が気になりはじめたきっかけだったかもしれない。
　では、もとの疑問にもどって、そもそもだれが、なんのために、ハマサンゴにキズをつけたのか？

犯人探し

　ハマサンゴもブダイがかじっているのだろうか。インターネットで調べてみると、そういう記事によくお目にかかる。しかし、そのもとになったはずの学術論文を探してみると、沖縄の塊状ハマサンゴをブダイがかじっていることを確認したという論文は見つからなかった。
　ダイビングをしている人たちに、「塊状ハマサンゴの生きている部分をかじっているのを実際に見たことがありますか？」と聞いてみても、「そう言われると死んだ部分をかじっていたのかもしれない」と、確かな返答はなかなか得られなかった。

第1章　サンゴをかじる？－ブダイの摂餌行動

そこで、ハマサンゴのすぐそばにビデオカメラを設置して、無人ビデオ撮影（さつえい）を試みた（図 1-12）。学生さんにも協力してもらって、数十時間ぶんのビデオテープをチェックしてみたが、残念ながら、

図 1-12　ハマサンゴの無人ビデオ撮影

瀬底島でも西表島でもかじる現場をおさえることはできなかった。たくさん歯型がついているのは、歯型が 1 カ月以上残るからで、実際にかじる頻度（ひんど）は非常に低いのかもしれない。だとしたら、もっと長時間の撮影が必要だったのかもしれない。あるいは、ビデオカメラを警戒（けいかい）してブダイが近づかなかったという可能性も否定できない。

では、海外のサンゴ礁ではどうだろうか。調べてみたら、いくつか論文が見つかった。

中南米のカリブ海のサンゴ礁には、インド・太平洋に生息するものとは別種のブダイたちが住んでおり、ストップライト・パロットフィッシュ（最大 60 センチメートル）などが、塊状ハマサンゴの 1 種（これも沖縄のとは別種）をかじることが報告されている。激しくかじられると、部分的死亡や群体全体の死亡をもたらすことさえあるという。

なお、このブダイは自分のなわばりの範囲（はんい）を示すために（いわゆるマーキングするために）サンゴをかじっているのだという説を述

べた論文もあったが、後に別の研究者によって否定されている。食べるためにかじっているようだ。

　ハワイでは、塊状ではなく、枝状のハマサンゴ類を、ブダイではなく、ハクセイハギ（カワハギ科）やミゾレフグ（フグ科）がかじることが報告されている。

　インド・太平洋のハマサンゴの歯型に関しては、当時は学術雑誌の論文が見つからず、インターネットで検索してようやくある博士論文を見つけることができた。紅海のサンゴ礁では、大型種であるヒブダイやイロブダイ（ともに最大90センチメートル）が塊状ハマサンゴの生きている部分をかじるのが目撃されたという。その論文に掲載されていた歯型の写真は、沖縄で撮影したのと同じだった。これら2種のブダイは沖縄にもいる種類なので、沖縄でも彼らがハマサンゴをかじっている犯人なのかもしれない。ようやく容疑者が見つかった。

　一方、紅海の同じ調査地にいたハゲブダイやブチブダイ（ともに最大40センチメートル：沖縄にもいる種）は、サンゴの生きている部分は避けて、死んだ部分しかかじらないと書かれていた。ヒブダイやイロブダイも生きている部分だけでなく、死んだサンゴもしばしばかじっていたそうだ。

犯人は複数

　沖縄での犯人探しに再挑戦しようかと考えていたところ、最近になって、オーストラリアのグレートバリアリーフのリザード島で実

第1章 サンゴをかじる？ーブダイの摂餌行動

施された、塊状ハマサンゴの歯型に関する詳しい調査結果が、次々と学術雑誌に発表されはじめた。海外にも同じ疑問をもった人がいたのだ。ブラジルからオーストラリアのジェームス・クック大学の大学院に留学して博士の学位をとった、若い女性研究者だった。

彼女の論文によると、リザード島の塊状ハマサンゴには、グレートバリアリーフのほかの場所をはじめ、これまで報告されているどの地域のサンゴ礁よりも、たくさんの歯型がついていたという。それでも実際にかじっている現場を見るのはたいへん難しく、目撃回数は各1〜数回に限られているが、大型のカンムリブダイ、ナンヨウブダイ（最大70センチメートル）に加えて、小型のハゲブダイ、ブチブダイ、イエローフィン・パロットフィッシュ（最大40センチメートル）の合計5種類で、塊状ハマサンゴの生きている部分をかじることが確認できたという。最後の1種以外は沖縄にもいる種だ。

とくに、ナンヨウブダイ（図1-13）の行動圏（日常的に動きまわる範囲）内の塊状ハマサンゴには多くの歯型がついており、しかも1カ所を続けさまに何度もかじった深いキズが多かったという。そのような深いキズがつくと、キズが回復する前に藻類が生えてしまい、ハマサンゴの部分的な死亡につながるという。

このような深いキズは、瀬底島や西表島の

図1-13　ナンヨウブダイ

調査地のハマサンゴではほとんど見たことがないが、おそらく、ナンヨウブダイはいても大型個体が少ないためだろう。ハゲブダイなどはこのような深いキズをつけることはなく、最初に示した沖縄の歯型写真（図 1-4：10 ページ）のように、一回だけこするようにかじるタイプだという。

一方、リザード島の調査地にいたスジブダイ（最大 40 センチメートル）やオウムブダイ（最大 30 センチメートル）は、サンゴの生きている部分をかじることはなく、死んだ部分しかかじらなかったそうだ。

死んだサンゴをかじるブダイ類

実は、ほとんどのブダイ類は生きているサンゴではなく、死んだサンゴの骨格や岩盤をかじっていることが、以前から多くの論文で報告されていた。サンゴ礁の岩盤というのは、もとはといえば、サンゴが分泌した石灰質に由来したものである。

西表島の調査地でハマサンゴのまわりでよく見かけたスジブダイやカワリブダイ（ともに最大 40 センチメートル）を追跡して、摂餌行動を観察・ビデオ撮影してみたことがある（摂餌行動の動画については巻末にウェブサイトを挙げておいたので見てほしい）。ハマサンゴをかじることもよくあったが、画像を拡大して確認してみると、生きている部分ではなく、死んだ部分、つまりポリプの入っていない石灰質をかじっていたのだ（図 1-14）。

石灰質の表面にはコケのようにも見える、細い糸のような藻類

第1章 サンゴをかじる？ーブダイの摂餌行動

（糸状藻類）がびっしり生えている（図1-15）。造礁サンゴがつくった石灰質の骨格は宝石サンゴほどち密ではないので、表面からすき間を通って骨格の内部にも糸状藻類が入り込んでいる。それを基盤の石灰質ごとかじりとっているのである。この糸状藻類がほとんどのブダイたちの主食である。

カンムリブダイやナンヨウブダイも、生きたサンゴだけでなく、死んだサンゴの骨格や岩盤もよくかじる。したがって、彼らも藻類が主食といってよいが、生きたサンゴをかじったときには、共生藻（褐虫藻）に加えてサンゴのポリプも消化していると考えられている。

図1-14 カワリブダイの摂餌行動
ハマサンゴの死んだ部分をかじっている

図1-15 ハマサンゴの死んだ部分についた歯型
コケのように生えた褐色の糸状藻類が基質（石灰質）ごとかじりとられている。周辺（上方）の少しピンクがかったところは生きている。図1-2（9ページ）と比べてみてほしい

先に紹介したリザード島での観察によると、ナンヨウブダイがつけたと思われる深い歯型は、ハマサンゴのポリプが卵をもつ季節により多く見られたという。つまり、栄養価の高い卵を狙って、その時期によくかじっていた可能性があるというのだ。一方、浅い歯型の数にはこのような季節による違いはなかったそうだ。浅くかじった程度では、ポリプの卵のある部分まで届かないかららしい。

図 1-16 海草を食べるタイワンブダイ
口の左側に見える緑色をしたのがアマモ。同じ緑色をしたものが海底にも生えている

なお、ブダイ類の一部には上記以外の餌を主食にしている種もいる。沖縄にもいるタイワンブダイは糸状藻類ではなく、砂地に生える海草（アマモなど：海藻とは異なり陸上植物と同様に種で増える種子植物）が主食である（図 1-16）。また、本州沿岸に住むブダイは、冬場は大型褐藻類（カジメやホンダワラ類）を主食にしているが、水温が高くなって海藻が枯れるとエビ・カニ類（甲殻類）に切り替えるといわれている。ベラ類のほとんどは甲殻類などを食べる動物食だが、本州のブダイは動物も藻類も食べるので雑食ということになる。

ブダイ類の歯

サンゴが死んだあと石灰質の骨格は次第にもろくなっていくが、しばらくは石のように固い。また、サンゴ礁の岩盤も固い。ブダイ類はこの固い石をどうしてかじれるのだろうか？

ブダイ類は英語ではパロットフィッシュ（parrotfish）と呼ばれる。パロットとは鳥のオウムのことで、「オウムのような固い嘴をもった魚」というのがその名の由来だ。

第1章　サンゴをかじる？－ブダイの摂餌行動

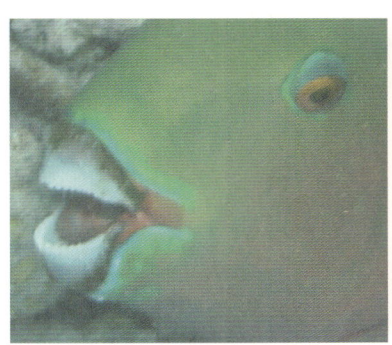

図1-17　ブダイ類の歯
　　　　細かい歯が癒合して板のようになっている

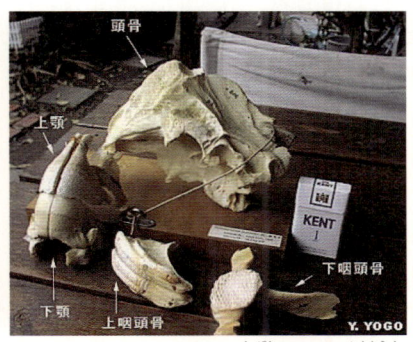

図1-18　カンムリブダイの歯板（左）と咽頭歯
　　　　（余吾 豊撮影）

　つまり、小さな歯がくっついて（癒合して）1枚の板状の歯（歯板と呼ぶ）となり、オウムの嘴のようになっているのだ（図1-17）。これで固いサンゴの骨格もガリガリとかじれるわけだ。なお、食性が異なる本州のブダイでは歯の癒合は不完全である。
　さらに、口の奥の方には、咽頭歯（咽頭骨）と呼ばれるもう1つの歯をもっている（図1-18）。ノドの上と下に表面がヤスリのように凸凹した固い骨があり、これを上下ですり合わせてサンゴの骨格をすりつぶし、中に入っている藻類を石灰質と分離して、消化しやすいようにしているのだ。大きなブダイ類の咽頭歯は包丁が欠けるほど固いという。

ブダイのウンチと白い砂浜

　生きたサンゴをかじるカンムリブダイでも、死んだサンゴの骨格をかじるその他のブダイ類でも、石灰質は消化できない。咽頭歯で

すりつぶして藻類を消化したあと、石灰質は排泄される。ブダイ類は泳ぎながら白い粉のようなウンチを出す（図 1-19）。

1メートルを超えるカンムリブダイでは、ウンチとして石灰質を年間5トンも排出していると計算した論文もある。30センチメートル程度のハゲブダイでも年間数十キログラムと推定されている。実はこのウンチがやがて海岸に打ち上げられると、サンゴ礁の真っ白な砂浜ができあがるのだ。

図 1-19　石灰質の白いウンチを出しながら泳ぐブダイ

ただし、サンゴ礁の砂浜はサンゴの骨格に由来した砂だけではなく、貝殻由来のものや、有孔虫という小さな原生動物の骨格である石灰質が主体になっていることもある。西表島の「星砂の浜」の名前の由来は、星のような形をした有孔虫の骨格がたくさん含まれていることから来ている。

一方、「白い砂浜」が「赤い砂浜」になってしまったところが沖縄にもある。陸上で農地開発などが進み、大雨が降ったときに赤土が海まで流れてきたせいだ。流れ出した赤土がサンゴをおおうと、光が届かなくなって共生藻が光合成できなくなり、サンゴが死んでしまうこともある。

第1章　サンゴをかじる？－ブダイの摂餌行動

サンゴ礁の維持と再生

　ブダイ類はサンゴ礁の砂浜をつくっているだけではない。生きているサンゴ群集の維持と再生にも貢献している。生きたサンゴをかじるカンムリブダイも長い目でみれば、サンゴの敵ではなく味方だという説もある。

　オーストラリアのグレートバリアリーフでは、カンムリブダイが乱獲（とりすぎ）によっていなくなったサンゴ礁と、漁獲を禁止して保護されているサンゴ礁を比べてみると、後者のサンゴ群集の方が安定していたという。カンムリブダイがいないと枝状サンゴの枝がのびすぎて、台風の強い波がきたときに大破してしまうのに対して、カンムリブダイが枝先をかじり、いわば、植木屋さんが手入れするように「剪定」することによって、台風の荒波にも耐えられる強い形のサンゴが維持されているというのだ。

　藻類を食べるブダイたちもサンゴを守っていると考えられている。オーストラリアのグレートバリアリーフで実施された実験では、サンゴ礁の一部をブダイなどの中型・大型藻食魚類が入り込めないような網目のケージで囲っておくと、やがて大型の藻類が成長して、サンゴの成長をさまたげたという。

　サンゴを食べるオニヒトデの大発生や、前述した海水温の上昇によってサンゴが大規模に死亡したのちに、サンゴが再生するのを助けるのも、ブダイたちだと考えられている。

　死んだサンゴの骨格をブダイがかじり続けると、平坦な更地の岩

盤が早くでき、サンゴの幼生が付着しやすくなる。一方、更地には藻類も定着する。小さなサンゴのすぐそばに藻類が定着すると、藻類はサンゴよりも成長が速いので、小さなサンゴにおおいかぶさってしまい、サンゴの共生藻が光合成するのをさまたげる。しかし、ブダイたちがいれば安心だ。彼らが藻類を食べてくれるおかげで、小さなサンゴも藻類に邪魔されず、成長しやすくなる。こうして、ブダイたちの存在はサンゴの復活を助けていると考えられている。

ただし、ブダイたちはサンゴを助けようと考えて行動しているわけではない。たとえば、インド洋のモルジブのある島では、禁漁区になっているためブダイ類は高密度で見られたのに、1998年に大規模白化したあとサンゴはあまり復活していなかった。更地になった岩盤の上面はブダイにかじられてツルツルになっていた。よく見ると、岩の凹みや側面には小さなサンゴが成長していた（図 1-20）。岩の上面に付着した小さなサンゴは藻類と一緒にブダイたちにかじりとられてしまうのだと考えられる。ブダイも高密度になりすぎると、どこもかしこもかじりすぎて、サンゴの定着をさまたげる捕食者になってしまうようだ。

一方、藻類が小さなサンゴの生存を助けているという実験結果も最近出ている。小さなサンゴの周辺の藻類を刈り取ると、予想通り、サンゴの成長はよくなったが、その一方でブダイにかじられるサンゴが増えたとい

図 1-20　ブダイにかじられた岩盤とかじられずに成長しつつある小さなサンゴ

第1章　サンゴをかじる？ ―ブダイの摂餌行動

う。周辺の藻類をそのままにしておいた小さなサンゴは、ブダイにかじられなかったという。しかし、プラス・マイナスを全体的に評価してみると、藻類はサンゴと光をめぐる競争関係にあり（成長をさまたげる）、マイナスの影響の方が大きいと考えられている。

　サンゴとブダイと藻類は微妙なバランスをとりながらサンゴ礁生態系を維持してきたようで、ブダイの役割の解明に関してはさらに研究が続けられている。

もっと知りたい！

サンゴ礁生態系とブダイの役割

　生態系（エコシステム）とは、生物とそれをとりまく環境との相互作用を、1つの系（システム）とみなす考え方。生態系の中では、ある生物から別の生物へと、物質とエネルギーが流れて行く。
　サンゴに共生する褐虫藻と、岩盤に生える糸状藻類などの海藻は、ともに太陽光エネルギーを使って光合成をするので、光をめぐる競争関係にある。
　ブダイ各種は、そのどちらか、あるいは両方を食べる捕食者である。
　この相互作用により、もしブダイ類がいなくなると、サンゴよりも成長が速い藻類の方が競争に勝って、サンゴが減ってしまう可能性がある。

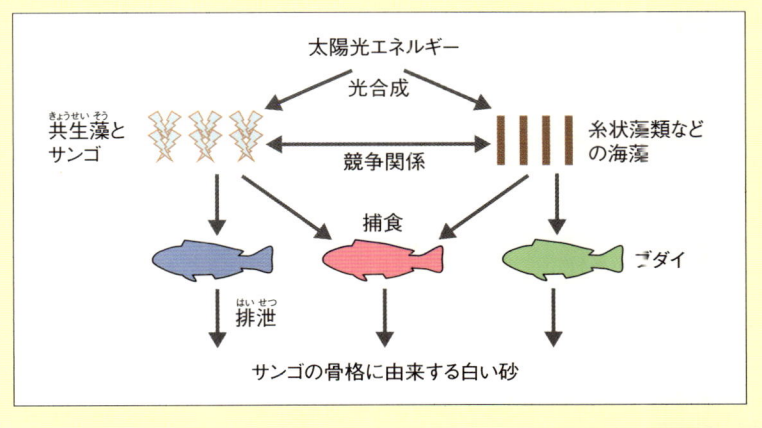

第2章 ブダイの夜と昼―サンゴ礁の使い分け

沖縄のブダイ漁

　沖縄のサンゴ礁ではブダイ漁がさかんに行われてきた。たとえば、八重山諸島の2006年度の沿岸漁業統計によると、230種もの魚が水揚げされているが、分類群別に集計した漁獲量のトップはブダイ科（ベラ科ブダイ類）で、全重量の20％を占めている。

　沖縄のサンゴ礁における伝統的な漁法としては、「追い込み漁」が有名である。海底に大きな網を張り、それに向かって漁師たちが潜りながら魚を追い込んで行くという、チームで行う漁法である。

　しかし、ブダイ類の漁獲方法としては、追い込み漁は1割弱にすぎない。圧倒的に多いのは「矛突き漁」で、漁獲量の8割以上を占めている。矛突きとは、別名「電灯潜り」ともいい、夜、水中ライトとモリ（矛）を持って潜り、寝ている魚を探してモリで突く漁法である。

　ブダイたちは、夜はサンゴのすき間や岩の下に隠れて寝ているのだ。ライトで照らしても、少々のことでは起きない。昼間に泳いでいる魚を狙うよりも、はるかに簡単に突けるので寝込みを襲うのだ。

　「寝る」といっても魚には瞼がないので、目は開けたままでじっとしている。マグロなどは泳ぎ続けないと呼吸ができないので、泳

第2章　ブダイの夜と昼－サンゴ礁の使い分け

ぎながら寝ることになる。一方、キュウセンなどのベラの仲間は砂に潜って寝る。では、ブダイはどんな寝方をしているのだろうか？

ブダイの寝袋

　ナイトダイビング（夜潜り）でブダイを探してみると、おもしろいことに気づく。ブダイたちはたんに隠れているだけでなく、「寝袋」に入って寝ているのだ（図 2-1）。口やエラから透明な粘液を出し、胸ビレを動かすことで水流をつくって粘液を後方に送り、体全体をすっぽりとおおってしまう。

　この寝袋（あるいはカイコがつくるような繭）には、自分の匂いを閉じ込めて、匂いで餌を探すウツボのような夜行性の敵（魚食性魚類）に感知されないようにする効果があるのではないかと考えら

図 2-1　ブダイの寝袋
　　　　体のまわりに粘液の膜を張って寝る（峯水 亮撮影）

れている。

　さらに、つい最近、寝ている間に寄生虫が体につくのを防ぐ効果もあることが、実験によって確かめられた。水槽に寝袋をつくったハゲブダイと、寝袋を除去したハゲブダイを入れ、それぞれに魚類の体表にとりついて血液を吸う外部寄生虫（ウミクワガタという名の甲殻類の一種）を放して一晩置いてみた。すると、寝袋に入ったハゲブダイの方が寄生される率が低かったという。

　朝になるとブダイは寝袋を破って泳ぎだす。一晩だけの使い捨てであるが、この粘液の寝袋をつくるのに、ブダイが1日に消費するエネルギーのうち2.5%も使っているそうだ。寄生虫から身を守るためには、それくらいの日々のそなえが必要なのだろう。

　ちなみに、ブダイたちは昼間も寄生虫対策をとっている。寝袋に入って寝ていても、昼間のうちに寄生されることがあるらしく、体についた外部寄生虫（主に甲殻類）をとってもらうために、掃除魚と呼ばれているホンソメワケベラなどがいるところにわざわざ出かけて行く。

　ホンソメワケベラはクリーニング・ステーションと呼ばれる決まった場所で待ちかまえていて、いろいろな種類の魚がお客としてやってくる。お客たちは掃除しやすいように、じっとしてヒレを広げると、バランスがくずれて水中で横倒しになったり、頭を上にしたりという普段とらないようなポーズをとることもある（図2-2）。お客の方は健康を手に入れ、掃除魚は餌（エビやカニと同じ甲殻類の仲間である寄生虫）を手に入れる。お互いに利益を得ることができる、相利共生関係が成り立っているのだ。

第2章　ブダイの夜と昼－サンゴ礁の使い分け

図 2-2　ホンソメワケベラ（右側の小さな細長い魚）に掃除してもらうハゲブダイ 泳ぐのをやめ、頭を上にした不自然なポーズをとっている

もっと知りたい！

種間関係の3タイプ

　異種の生物どうしの種間関係には、大きく分けて3つのタイプがある。それぞれについて、サンゴ礁でみられる例を挙げておこう。

1. 食う食われるの関係（食物連鎖）
　例：ブダイがサンゴや糸状藻類を食べる

2. 種間競争
　例：サンゴの共生藻と岩盤に生えた藻類（光をめぐる競争）、なわばりをもつスズメダイと他の藻食性魚類（餌＝藻類をめぐる競争）

3. 共生（相利共生）
　例：サンゴと共生藻、掃除魚と掃除される魚、異種混群など

　注）寄生は、血を吸うなど栄養分を奪いとる場合は、1の食う食われるの関係に含めることができる。

群れで移動

　夜明けとともにブダイたちは起きだして、寝場所から餌をとるための摂餌場所へと移動する。移動距離は地域や種類によって異なるが、長い場合は数キロメートルにも及ぶという。
　ブダイは寝るときは単独だが、移動するときや摂餌するときにはしばしば群れをつくる。それも自分と同じ種類のメンバーと群れるだけでなく、違う種類のブダイが混じることもある。ときには、ニザダイ科の仲間も混じっていることもある（図2-3）。これを異種混群という。

図2-3　ブダイの異種混群
　　　オオモンハゲブダイ（黒）、スジブダイ（白）、ニザダイ科のナガニザ（中央上の黒い魚：ブダイより平たく体高が高い）などが混群をつくって摂餌中

第2章　ブダイの夜と昼－サンゴ礁の使い分け

　水族館などで見たことがあると思うが、イワシやマグロは同一種だけで群れている。ブダイたちはなぜ異種混群をつくるのだろうか？　これらはいずれも（ニザダイ科も）糸状藻類を食べるという食べものの好み（食性）が共通している。同じ餌を食べるものたちが一緒に群れているのである。それによって何かメリット（利点）があるのだろうか？

　サンゴ礁で糸状藻類を主食にしている魚の中には、なわばりをつくるものもいる。クロソラスズメダイなどは直径1メートル前後の範囲から他の魚を排除し、自分の「畑」を維持している（図2-4）。これらスズメダイのなわばりの中の糸状藻類は、なわばりの外と比べるとふさふさと長く成長している。20センチメートル以上伸びていることもある。まわりの岩盤はツルツルにかじられているというのに。

　なわばりをもつスズメダイはたいへん気が強く、自分より大きなブダイでもなわばりに近づくと攻撃する。そこで、みんなで行けばこわくないということで、異種であっても群れをつくってなわばりに侵入すれば、スズメダイもすべてを追い払うことができず、豊富な餌（糸状藻類）にありつけるというわけだ。

　つまり、異種であっても利害が一致していれば、協力するということだ。これも異種間の相

図2-4　クロソラスズメダイのなわばり防衛行動となわばり内の藻類

利共生とみなすことができる。

　摂餌していたブダイの群れは、夕方になると、摂餌場所から寝場所へと移動し、また寝袋をつくって寝る。西表島で追跡を試みたスジブダイでは、岸のすぐそばの浅いところで摂餌していた個体が、夕方になると岸から500メートルも沖のサンゴ礁の先端の落ち込みまで移動して寝ることが確認された。

サンゴ礁の地形

　那覇空港から石垣島に飛び（1時間弱）、そこから高速艇に乗って40分ほどで西表島北岸の上原港に着く。ブダイの主な調査地に選んだのは、上原港のすぐとなりの、まるまビーチと呼ばれているところだった。

　西表島にも琉球大学の研究施設がある。ここは主に陸上動植物の研究を対象とした実験所として設置されたため、丘の上に建っている。それでも、車を使えばたった5分ほどで調査地の海岸まで行ける便利なところだ。

　さてここで、サンゴ礁の典型的な地形を説明しておこう。この地形のでき方を最初に説明したのは、あの進化論で有名なイギリスのチャールズ・ダーウィンである。

　先にも述べたように、造礁サンゴは、共生藻が光合成するため、光が利用できる浅い海で活発に成長する。島が海底から隆起してくると、まず周囲を取り囲むように、浅いところにサンゴ礁が発達する（図2-5a）。

第2章　ブダイの夜と昼－サンゴ礁の使い分け

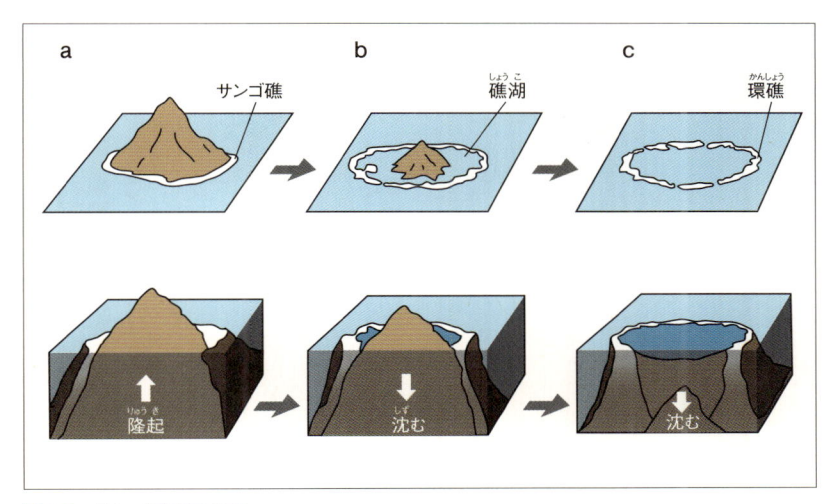

図 2-5　サンゴ礁のでき方
a：島が隆起して周囲にサンゴ礁ができはじめる。b：島が沈みはじめると、陸地とサンゴ礁の間に礁湖ができる。c：陸地が水没すると環礁になる

　その後、島が少し沈むと、サンゴ礁はそのまま上に向かって成長を続け、中央の島との間に浅い海ができる（図 2-5b）。この規模が小さいものをモート（礁池）、大きいものをラグーン（礁湖）と呼んでいる（図 2-6）。

　さらに、中央の島が完全に水没して、まわりのサンゴ礁だけがリング状に残ったのが環礁（アトール）である（図 2-5c）。

　西表島北岸の調査地では、砂浜から浅いモートが数百メートル続き、リーフフラット（礁原）と呼ばれる岩盤を経て、リーフエッジ

図 2-6　石垣島に向かう機内から撮影した多良間島のサンゴ礁
上半分に礁池が発達しているのがわかる。白く波立っているのがリーフエッジ

（礁縁）に至る（図2-7、2-8）。大潮の干潮時には潮がひいてリーフエッジのサンゴの一部は水面に出てしまう。

その沖はリーフスロープ（礁斜面）と呼ばれる斜面を経て、水深10メートル前後まで落ち込む。この落ち込みの先にもパッチリーフと呼ばれる小さなサンゴ礁が点在している。西表島の調査地のブダイ類は、夜はリーフスロープで寝ているものが多かった。

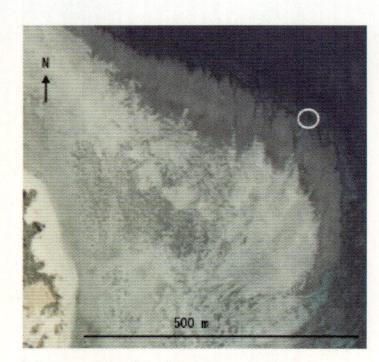

図2-7　西表島の調査地の航空写真
左下が岸、右上が沖。○印をつけたところがリーフエッジのブダイ類の主な産卵場所。リーフエッジから岸側にかけて黒っぽく写っているのが、生きているサンゴがびっしりと生えたリーフフラット（国土交通省・国土画像情報「カラー空中写真 COK-77-5 C3-7（1977年撮影）」より作図）

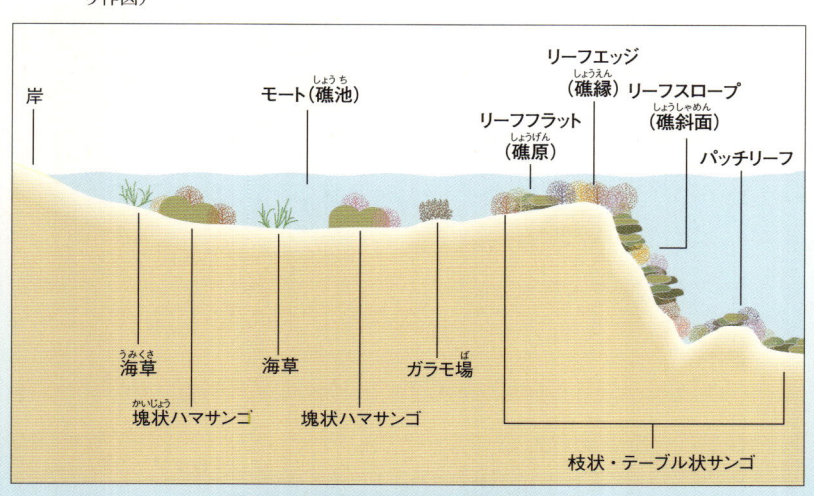

図2-8　西表島の調査地の断面図（模式図）

第2章 ブダイの夜と昼－サンゴ礁の使い分け

産卵場所と卵の性質

　ブダイの1日の生活において、食べることと寝ることのほかに、もう1つ大事なことがある。それは子孫を残すための繁殖である。
　西表島でブダイの繁殖行動・生態を調べてみた。そのきっかけは、第1章の終わりの方で述べたように、ブダイがサンゴ礁の維持と再生に貢献しているのなら、ブダイ漁が続いている沖縄でブダイをとりすぎることなく、資源量を維持していくには、ブダイの再生産（繁殖）がどこでどのように行われているか、知っておく必要があると思ったからだ。
　海外のサンゴ礁ではブダイの繁殖行動・生態に関する調査がけっこう行われていた。しかし沖縄では、黒島（西表島と石垣島の間）のハゲブダイの繁殖行動・生態に関する余吾豊らの報告（1980年）と、ジャック・モイヤーの石垣島でのブダイ5種の産卵行動の観察報告（1989年）があるだけで、潜水調査がまだまだ不足していた。
　西表島北岸の調査地は、潮の流れがよいせいか、1998年の高水温による大規模白化の際もあまり影響を受けず、その被害を受けた瀬底島よりサンゴの被度（密度）がはるかに高かった。そして、ブダイの種類数も多く、確認できた22種のうち14種で産卵行動が観察された。産卵が観察できなかったのは、個体数が少なかった種である。たとえば、成魚が見られず、幼魚しかいなかった種では、当然のことながら産卵は見られなかった。
　産卵場所は、主にリーフエッジとそのすぐ沖のパッチリーフだっ

た。とくにある1カ所では10種類以上が集まって産卵していた。その理由は、リーフエッジが曲がって沖に向かって突き出しているところで（図2-7：38ページ）、潮の流れ（潮通し）がよいからだと考えられた。

　なぜ潮通しのよいところで産卵するのか？　その理由は、彼らが産む卵を調べてみればわかる。ブダイ類の卵は長径1.5ミリメートル前後、短径0.5ミリメートル前後のラグビーボール型をしている（ただし、イロブダイは直径0.75ミリメートルほどの球形）。卵の中には直径0.1ミリメートルあまりの油球が1つ入っている。油は水より軽いので、この油球をもつことにより、海水に浮きやすいのだ。このように海水に浮く性質をもつ卵を浮性卵と呼んでいる。

　産卵後の浮性卵は潮流に乗って流されて行く。潮通しのよい場所で産むのは、卵がすばやく流されて、サンゴ礁にいる卵捕食者（プランクトン食の魚類）から逃れるためだと考えられている。

　なお、チビブダイという小型種（最大30センチメートル）は、リーフフラットの岸側に発達したガラモ場（ホンダワラ類などの褐藻が密生したところ：図2-8、2-9）に住んでいて、リーフエッジまで移動することはなく、産卵もガラモ場で行っていた。

　ブダイの卵からふ化した子ども（仔魚）は、まだヒレも完成しておらず、うまく泳げないので、海流まかせの浮遊生活を送る。1カ月あまりで全長1センチメートル弱の稚魚に成長すると、サンゴ礁の海底に降りてくる。この着底までの日数は、稚魚のもつ耳石を調べるとわかる。耳石とは、魚類など脊椎動物の耳の中（内耳と呼ばれる場所）にある炭酸カルシウムでできた塊で（図2-10）、体を

第2章　ブダイの夜と昼－サンゴ礁の使い分け

傾けたときの耳石の動きが感覚細胞に伝わってバランスをとることができるのだ。この耳石には、木の年輪のように、同心円状の輪が1日に1本できる。これを日輪と呼び、日輪の数を数えれば、ふ化してからの日数がわかるのだ。

図2-9　ガラモ場（ホンダワラ類の密生地帯）で暮らすチビブダイ

一方、サンゴ礁に住む魚の中にはブダイのような浮性卵を産まない種類もいる。比較的小型のスズメダイ類や

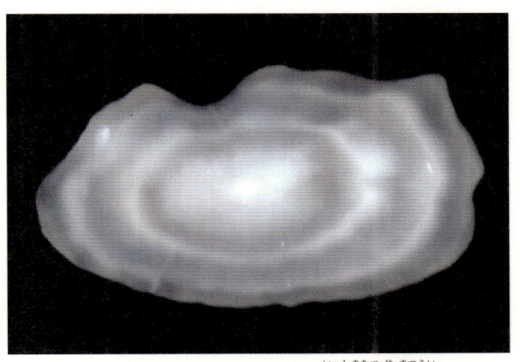

図2-10　魚類の耳石の断面（一色竜也撮影）

ハゼ類は、岩やサンゴに卵を産みつける（図2-11）。1週間前後でふ化すると、仔魚は水面に向かって浮き上がり浮遊生活に入る。このように、海産魚類では少なくとも一時期は浮遊生活期をもつ種が多く、産まれた場所から遠く離れたところまで流され、親とは別の場所で暮らすのがふつうなのだ。

ではブダイはいつ産卵するのだろうか。次の章で詳しくみていくことにしよう。

図 2-11　クマノミ（スズメダイ科）の卵保護
中央のオレンジ色に見えるのが産みつけられたばかりの卵

> **もっと知りたい！**

海産魚類の生活史

　生活史とは、生まれてから死ぬまでの一生の暮らし方のことをいう。
　ほとんどの海産魚類では、卵からふ化した仔魚は水面近くで浮遊生活を送り、親元から遠く離れたところまで流されてから、海底に降りて行く。
　つまり、生活史の初期と後期で生活場所がまったく変わるのだ。

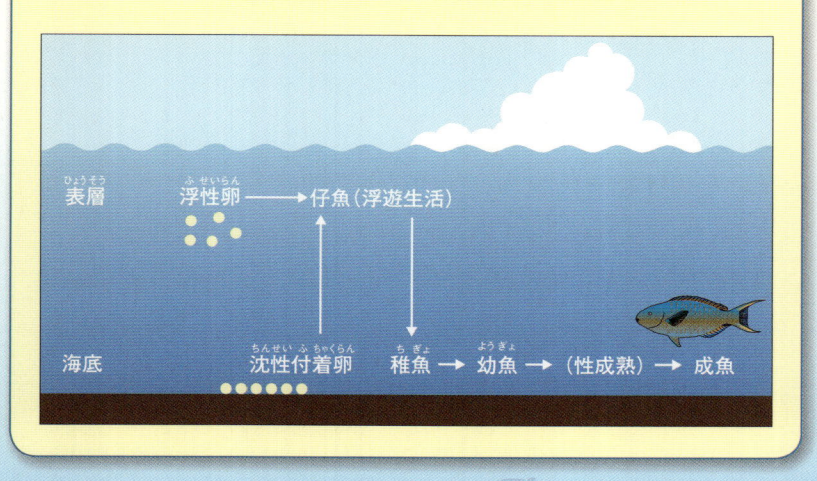

表層　浮性卵 → 仔魚（浮遊生活）

海底　沈性付着卵　稚魚 → 幼魚 →（性成熟）→ 成魚

ご購入書籍 ○印をつけて下さい	1. カツオ・マグロのスーパーパワー
	2. サンゴ礁を彩るブダイ
	3. サツマハオリムシってどんな生きもの？

○ご購入のきっかけを教えて下さい
　A. 店頭で　B. 新聞　C. ホームページを見て　D. 人にすすめられて
　E. 学校ですすめられて　F. チラシを見て　G. その他（　　　　　　　）

○本書についてご意見をお聞かせ下さい

タイトル	A. 良	B. 普通	C. 悪	D. その他（　　　　）
レイアウト	A. 良	B. 普通	C. 悪	D. その他（　　　　）
表紙	A. 良	B. 普通	C. 悪	D. その他（　　　　）
価格	A. 安	B. 適当	C. 高	D. その他（　　　　）
内容のレベル	A. 難	B. 適当	C. 易	D. その他（　　　　）
文字の大きさ	A. 大	B. 適当	C. 小	
ルビ	A. 多	B. 適当	C. 少	

○本書でおもしろかった，関心が高かった内容や理由をお聞かせ下さい

○本書でつまらなかった，難しくてわからなかった内容をお聞かせ下さい

○全体的な感想や著者へのメッセージなど，お聞かせ下さい

○本シリーズで取り上げてほしい海の生物やテーマがあれば教えて下さい

○ご感想を，弊社広告などに使わせていただいてもよろしいですか？
　実名で可　匿名で　可・不可　（いずれかに○をつけて下さい）

ご協力ありがとうございました。このはがきをお送り下さった方の中から毎月抽選（25日締切）で，図書カード1,000円（毎月5名様）を進呈いたします。当選は発送をもってかえさせていただきます。

郵便はがき

> 恐れ入りますが，50円切手を貼ってお出し下さい

160-0008

東京都新宿区三栄町8
三栄ビル2F

恒星社厚生閣
編集部 行

このはがきにご記入いただいた個人情報ならびにご意見・ご感想は，弊社で責任をもって管理したうえで，弊社出版物の企画などの参考にさせていただきます。

ふりがな お名前	男・女 歳
ご住所　〒　－	
電話　　　　　　　　　　　E-mail	
ご職業 ①小学生　②中学生　③高校生　④大学生　⑤会社員　⑥そのほか（　　）	
ご購入いただいた書店名	

恒星社厚生閣　URL http://www.kouseisha.com/　E-mail info@kouseisha.com
TEL 03-3359-7371　FAX 03-3359-7375

第3章
いつ卵を産むべきか？

産卵時刻

　サンゴ礁で浮性卵を産む魚類では、夕方に（寝る前に）産卵する種が圧倒的に多い。たとえば、ニザダイ類、ヒメジ類、ハタ類、チョウチョウウオ類、キンチャクダイ類など。

　その理由は、敵つまり捕食者から逃れるためだと考えられている。捕食者としては、産んだばかりの卵に対する捕食者と、親に対する捕食者の両方を考慮しなければならない。

　卵の捕食者はプランクトン食の魚たちである（図 3-1）。潮通しのよいリーフエッジでは、コガシラベラ、オキナワスズメダイなど

図 3-1　産卵直後のブダイの卵（中央上の白濁）を食べようと殺到するスズメダイ類の群れ

が群がって、流れてくるプランクトンを食べている。これらは危険がせまるとサンゴに隠れる。したがってサンゴ礁からあまり離れることはない。一方、キビナゴやイワシの仲間などの群れは広範囲を泳ぎまわってプランクトンを食べている。

　これらのプランクトン食魚類はいずれも昼行性で、夕方になると不活発になり、寝てしまう。つまり、これらの卵捕食者の活動が低下する時刻に産卵すれば、産んだばかりの卵が生き残る確率（生存率）が上がるというわけである。

　一方、親に対する捕食者には、エソやエンマゴチなど底にいて待ち伏せる捕食魚、イシフエダイやロウニンアジなど遊泳性の捕食者もいる。魚食者は昼行性とは限らず、夕方薄暗くなったときに活発になる種類もいるので、親にとっては夕方の方が安全であるとは必ずしもいえない。それぞれの産卵場所にいる主な魚食者がいつ不活発になるかによって、安全な時間帯が変わってくる。

満潮後産卵

　サンゴ礁魚類の中でブダイ類を含むベラ科では、例外的に、夕方よりも昼間の満潮に合わせて産卵する種が多いことが知られている。

　たとえば、西部太平洋にあるマーシャル諸島（フィリピンとハワイの中間あたり）のエニウェトク環礁では、リーフエッジにできた切れ目で、リーフ内から沖に向かって潮が流れ出る水路になっているところで、26種ものベラ類と13種のブダイ類の産卵行動が観

第3章 いつ卵を産むべきか？

察されたが、そのほとんどが満潮直後だったという。なぜ満潮直後に産むのだろうか？

満潮後には沖に向かう引き潮が強くなるので、それに乗せて卵を早く沖に流すためだと考えられている。満潮時刻は毎日1時間程度遅れていくが、それに合わせて産卵時刻も日々ずれていくことになる。

潮汐（ちょうせき）は、地球の自転による遠心力（えんしんりょく）と、月や太陽との引力との関係で生じる現象で、満潮と干潮がそれぞれ1日に2回やってくる。新月と満月のときには、地球と月と太陽が一直線に並ぶので、干潮時と満潮時の潮位（ちょうい）の差が大きくなり（大潮（おおしお））、朝と夕方に満潮、正午と真夜中に干潮がくる（図3-2a）。一方、上弦（じょうげん）や下弦（かげん）（半月（はんげつ））のときには太陽と地球と月が直角に位置するので、潮位差は小さく（小潮（こしお））、朝と夕方に干潮、正午と真夜中に満潮が訪（おとず）れる（図3-2b）。

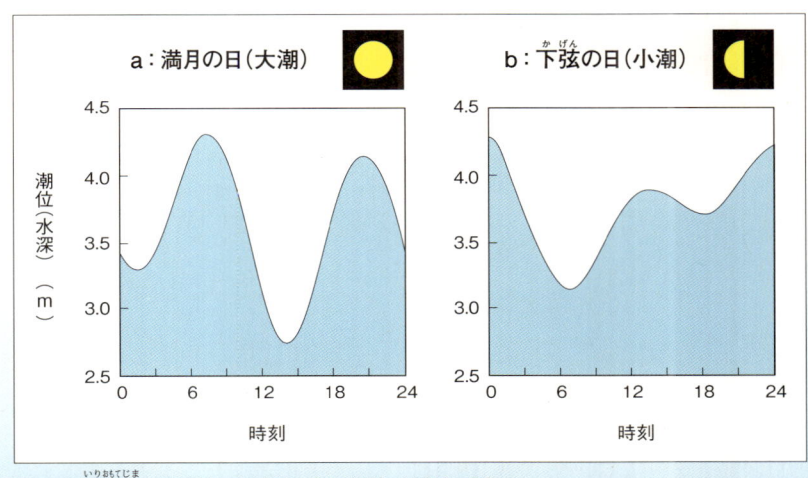

図3-2 西表島（いりおもてじま）の調査地における1日の潮位（水深）変化
a：満月（大潮）の日：早朝と夕方に満潮。b：下弦（かげん）（小潮）の日：正午すぎと真夜中に満潮、潮位差は小さい。2008年8月の実測値

大潮の夕方に産むとちょうど満潮で（図 3-2a）、そのあとの引き潮の流れも強いので、より早く流されて行くことになる。実際、大潮の夕方にだけ産む半月周期あるいは月周期で産卵をしている魚も一部にいる（カンモンハタなど）。

一方、毎日夕方に産む種では、引き潮に当たる日もあれば、上げ潮に当たるときもある。つまり、流れの方向や強さよりも、暗くなって卵の捕食者がいなくなることの方を重視していると考えられる。

早朝産卵の発見

西表島の調査地では、1日のうちの潮位差は春の大潮で最大3メートル、主に観察を行った8月でも最大2メートルほどあった（図3-2）。これだけの潮位差があれば、海外のサンゴ礁から報告されているように、ここでも満潮後の引き潮に合わせて産卵しているに違いないと予想した。近くにある黒島や石垣島での産卵観察報告も満潮後だったのだから。そこでまず、満潮時を中心にリーフエッジに沿って広い範囲を泳いで観察してみた。

4月から調査を開始したが、6月になってもハゲブダイとオオモンハゲブダイ以外はほとんど産卵行動を見ることができなかった。他の種類はどこか遠くまで移動して産んでいるのか、それとも繁殖期が違うのかと不思議に思っていたとき、同じ調査場所でイシガキスズメダイの早朝産卵の観察をしていた学生さんが、「朝早くリーフエッジにブダイがたくさん集まっていましたよ」と教えてくれた。それだ！　産卵のために集まっているのかもしれない。

第3章 いつ卵を産むべきか？

翌朝、暗いうちに起きて、日の出に向かってリーフエッジまで500メートルほど泳いで行くと、確かに、10種類ほどのブダイが集まっていた。観察を続けていると、次々に産卵をはじめた。この場所では、海外のサンゴ礁からの報告とは異なり、朝の7時から8時ころに産卵のピークを迎える種が多いことがわかったのだ。

スジブダイやカワリブダイなどは、月齢（新月後の日数）とは無関係に毎日早朝時にだけ産卵していた（図 3-3d）。一方、オオモン

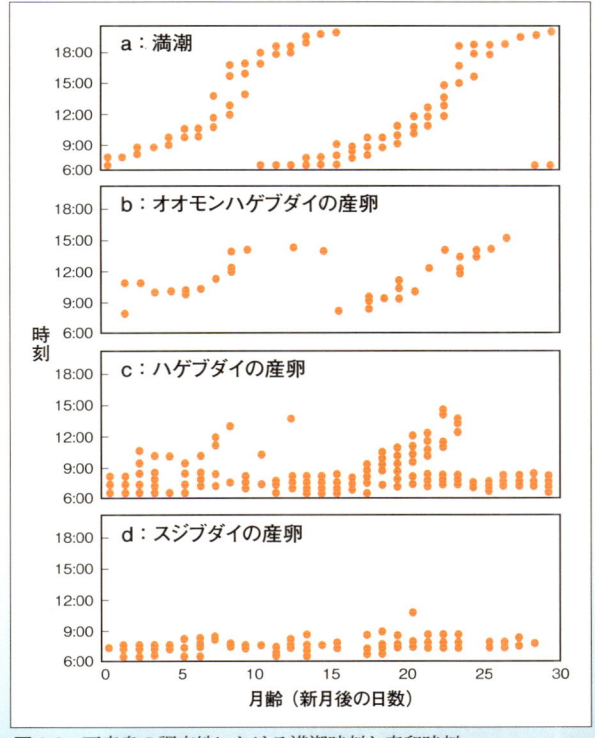

図 3-3 西表島の調査地における満潮時刻と産卵時刻
a：調査日の月齢と昼間の満潮時刻、b：オオモンハゲブダイの産卵時刻、c：ハゲブダイの産卵時刻、d：スジブダイの産卵時刻

ハゲブダイは従来知られていたタイプの満潮時の産卵で、月齢に応じて産卵時刻がずれていった（図3-3b）。さらに、ハゲブダイは早朝時と満潮時の両方で産卵していることがわかってきた（図3-3c）。

ここで新たな疑問がでてきた。なぜ、同じ場所を利用しているのに、つまり潮位の変化や捕食者などに関して同じ環境条件にさらされているのに、産卵時刻が種によって異なるのだろうか？

なぜ早朝産卵するのか？

海外のサンゴ礁からは早朝にだけ産卵するという種類は報告されていない。海外の研究者は早起きが苦手なのだろうか？　それとも、西表島の調査地に特有の原因があったのだろうか。

そこで、早朝によく集まってきたスジブダイについて、産卵後の個体を追跡してみた。すると、リーフエッジで産卵を終えた雌雄は、岸に向かって泳ぎはじめ、やがて岸のすぐ近くまで行って摂餌を開始した。

つまり、リーフエッジの寝場所から、日の出とともに起きだしてリーフエッジの産卵場所まで移動し、産卵を終えると岸の摂餌場所まで最大500メートルほど移動し、夕方になると沖に向かってリーフスロープの寝場所にもどる（図2-8：38ページ）という移動を毎日くりかえしていたのである。

仮に満潮に合わせて産卵しようとすると、満潮時刻が朝夕以外にくる日は、朝起きたらまずリーフエッジの寝場所から岸の摂餌場所まで移動し、昼間の満潮時刻にリーフエッジまでもどって産卵し、

第3章　いつ卵を産むべきか？

ふたたび岸の摂餌場所まで移動するというふうに、エッジと岸を2往復しなければならない。

　朝か夕方に産卵すれば1往復だけで済み、移動のエネルギーを節約できる。ではなぜ、夕方ではなく朝を選んだのか？

　それは前の章で述べたブダイの摂餌行動が関係している。スジブダイは死んだサンゴの骨格である石灰質ごとかじって藻類を食べている。つまり、藻類をたくさん取り込もうとすると、大量の石灰質も取り込むことになる。そのスペースを少しでも体内に空けておくには、朝一番に卵を全部排出してしまうのがよい。

　一方、同じ藻類を食べるニザダイ類は夕方に産むことが多く、早朝産卵はまれである。彼らの食べ方はブダイとは違って、基盤ごとかじるのではなく、おちょぼ口で糸状藻類だけをつまみ食いする(図3-4)。したがって、無駄な石灰質がお腹に溜まることはない。そうであれば、卵の捕食者が少なくなった夕方に産む方がよいと考えられる。

図3-4　ニジハギ（ニザダイ科）の摂餌行動
　　　　岩盤に生えた糸状藻類をつまみ食いする

産卵時刻を決める要因

　一方、オオモンハゲブダイでは、スジブダイのように岸まで摂餌移動する個体は少なく、1日中リーフエッジ近くで摂餌している個体が多かった（図3-5）。つまり、摂餌場所と産卵場所が近いので、満潮時に合わせて移動しても負担は少ないというわけだ。

　ハゲブダイはこの調査地ではもっとも個体数が多く、リーフエッジ付近でも岸近くでも摂餌している個体が見られた（図3-5）。岸近くまで摂餌移動する個体は（スジブダイと同様に）早朝産卵を、リーフエッジ近くで摂餌している個体は（オオモンハゲブダイと同様に）満潮時産卵をしていると推測しているが、これを確かめるには1匹1匹を個体ごとに識別して追跡する必要がある。模様の違いで個体を区別するのが難しい場合は、捕獲して標識を付けるなどの作業が必要になってくる。

　西表島の同じリーフエッジで、ブダイ類以外のベラ科魚類の産卵行動も観察してみた。30種の産卵が確認できたが、早朝産卵する種はいなかった。ベラ類では満潮に合わせて産卵する種が多く、ご

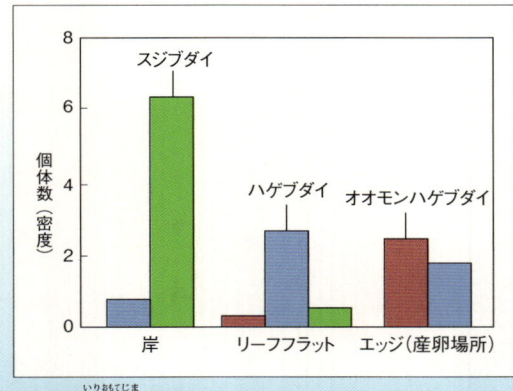

図3-5　西表島の調査地におけるスジブダイ（緑）、ハゲブダイ（青）、オオモンハゲブダイ（赤）の昼間の分布

第3章 いつ卵を産むべきか？

く一部の種が夕方産卵していた。

　ブダイ以外のベラ科魚類はエビ・カニなどの甲殻類やゴカイなどの多毛類といった動物食が中心で、藻類食の種はいない。早朝産卵するスジブダイで説明したようなお腹にスペースを空けておく必要はベラ類では生じないのである。

　ブダイを含むベラ科の祖先は、他の浮性卵を産むサンゴ礁魚類の多くと同様に、夕方産卵をしていたと考えられている。その後、昼間の明るい時間帯に産むようになった結果、多数の種に分かれていくとともに、派手な体色をもつように進化してきた（図 0-2：5 ページ）と考えられる。その理由については、次章以降で検討してみよう。

もっと知りたい！

行動パターンを決める環境要因

　ブダイがいつ卵を産むべきかというような行動パターンが決まる際には、いくつもの要因が関係してくる。
　環境要因としては、大きく分けて次の２つの側面を考える必要がある。

1. 物理的環境要因
　卵がすみやかに沖に流されて行く、満潮後の引き潮が強いときがよい。

2. 生物的環境要因
　卵の捕食者（プランクトン食性魚類）が少ないとき（夕方）がよい。
　親の捕食者（魚食性魚類）が少ないとき（昼・夕方？）がよい。

　環境要因以外に、種ごとの生態的特性も影響してくる。
　摂餌行動（長距離移動）との兼ね合いから早朝がよい。

第4章
なぜ種ごとに違うのか？（体色の進化1）

🌙 緑色の刺身 🌓

　沖縄の料理屋で刺身を注文すると、青緑色の皮がついた白身の切り身がでてくることがよくある。その正体は、湯引きして皮を残したブダイだ。まずウロコを取り、3枚におろしてから、皮に沸騰したお湯をかけ、氷水で軽く洗う。こうすると身が引き締まって歯ごたえがよくなる。

　ブダイは煮付けで食べてもおいしいし、刺身はにぎり寿司のネタにもなる（図4-1）。しかし、内地（沖縄以外の県）から来て、初めてこれを見ると、刺身の皮の色が派手すぎて気持ち悪いという人もいる。

図4-1　ブダイのにぎり（鈴木祥平撮影）

第4章 なぜ種ごとに違うのか？（体色の進化1）

はしがきのところでブダイの体色について「ニシキゴイのような」という表現をしたが、なぜブダイはこんなにも派手な色をしているのだろうか？　どうして種ごとに色や模様が違っているのだろうか？　ニシキゴイは野生のコイをもとにして、人間の好みで品種改良を重ねていった産物だが、ブダイの色はだれの好みで決まったのだろうか？

派手な雄と地味な雌

　実は、派手な色をしているのは雄だけで、雌は地味な色をしている。例としてハゲブダイ、オオモンハゲブダイ、スジブダイの雌雄を並べてみた（図 4-2）。いずれも雌は黒褐色〜薄茶色〜白っぽい色で地味だが、雄は緑系の派手な色をしている。雌の場合は異種間でよく似ていて区別がつきにくいこともある。たとえば、スジブダイの雌はレモンブダイの雌とまちがいやすい。それに対して、雄の体色は一度覚えてしまうと他種とまちがうことはまずない。
　雄の体色は求愛時には摂餌しているときとはまた別の色に変わる。ハゲブダイでは摂餌中は緑が強く、求愛中は黄色が強くなる。スジブダイではやはり摂餌中は緑系だが、求愛中は体の前半が濃く、後半が薄くなる染め分け模様になる（図 4-2d）。オオモンハゲブダイの雄は求愛中も摂餌中とあまり変わらないが、顔の後方にあるオレンジ色の三角形がよく目立つ。
　こんなにも色が違うので、昔は雌雄で別の種類に分類されていたケースもあった。のちに、第 6 章で述べる繁殖行動の観察によって、

図 4-2　体色の性差
　　a：ハゲブダイの雌（左）と雄（右）
　　b：オオモンハゲブダイの雌（左）と雄（右）
　　c：スジブダイの雌（左）と雄（右）
　　d：スジブダイの求愛中の雄

それらが同じ種の雌雄であることがわかったのだ。

　ただし、例外的に、カンムリブダイなどでは雌雄の体色に違いがない。なぜ、種によって性による違い（性差）があったり、なかったりするのだろうか？

幼魚と成魚

　さらに複雑なことに、幼魚が成魚とはまた別の体色をしている種もある。たとえば、イロブダイの幼魚はそれこそニシキゴイの品種のような紅白模様で、雌とも雄ともまったく異なる（図 4-3）。

第4章 なぜ種ごとに違うのか？（体色の進化1）

図4-3　イロブダイの幼魚（a）と雌（b）と雄（c）

　なぜ幼魚と成魚で色が違うのかについては、動物行動学（エソロジー）の創設者であるコンラート・ローレンツがその著書『攻撃』の中で考察している。成魚と異なる体色をしていることにより、成魚からの攻撃を避けることができると。

　なわばり争いなどは基本的に同種の雄どうし、あるいは雌どうしで起こる。このとき、基本的に視覚で体色を基準にして同種であることを見分けている。それとは違う色であれば、攻撃対象とはみなされないということである。体色の異なる幼魚は、成魚とは別の社会で暮らしているといってもいいだろう。

　ブダイの幼魚は、むしろ、他の種と一緒に暮らしている。異なる種類のブダイの幼魚どうしが、ひとつの集まりとなり異種混群をつ

くって摂餌しているのがよく見られる（図 4-4）。幼魚のときから糸状藻類を主食にしている種類が多いからである。種別ではなく、遊泳力の等しい体サイズ別に群れをつくっているのだ。

図 4-4　ブダイ幼魚の異種混群
アイゴやヒメジも混じる

進化のしくみ

　体色の性差の原因を説明する前に、そもそもどうして種ごとに異なる体色が進化してきたのかを考えてみよう。体色をはじめとする生物の性質の進化のしくみとして重要なのは、まず「遺伝子の突然変異」と「自然選択」である。

　生物は、それぞれの種が住んでいる環境に適した（適応した）性質をもっている。たとえば、第 2 章で紹介したガラモ場に住むチビブダイ（図 2-9：41 ページ）は、幼魚も成魚も海藻に似た茶色っぽい体色をしている。緑色の海草（アマモ場）に住んでいる個体はより緑っぽい色になっている。これは保護色といわれ、背景と同じ色をしていた方が敵に見つかりにくく、生存率が高くなる。つまり、生存率を高くするような性質を自然環境が選んできた、というのが、今から 150 年あまり前にダーウィンが唱えた自然選択（自然淘汰）の理論である。

　一方、生物の体を構成する細胞の中には遺伝子（遺伝情報を記録

第4章　なぜ種ごとに違うのか？（体色の進化１）

したDNA分子）があり、細胞分裂する際には、正確にコピーされていく。つまり、もとの細胞にあったのと同じDNA分子が複製されて新しい細胞に渡されていく。卵や精子という生殖細胞をつくるときもDNAのコピーが渡される。しかし、ごくまれに、数十万回に１回くらいの割合で、DNAの一部にコピーミスが起こり、遺伝情報の一部が変化することがある。これが遺伝子の突然変異だ。

突然変異は、いつ、どの部分に、どんな変化が起きるのか、まったく予測できない、偶然のコピーミスである。しかしそれが、進化の出発点になる。このことがわかったのは、ダーウィンが亡くなったのち、20世紀に入ってからのことだ。

ニシキゴイができたのも、野生のコイに生じた体色の突然変異を、人間の手で選び続けていった結果である。気に入った色と模様の個体を選んで子を残させる。それをくりかえしてきたわけだ。この品種改良の方法を、ダーウィンは人為選択（人為淘汰）と呼び、自然界でも同じしくみが働いているはずだと考えたのだ。

自然選択

たとえば、海藻と似た茶色っぽい体色をしたブダイに、体色が白くなる突然変異が生じたとしたらどうなるだろうか。ガラモ場では白は保護色にはならず、目立つために簡単に敵に見つかりやすいので、捕食されて淘汰されていくだろう（図4-5右上）。

逆に、海藻が枯れてなくなり、白っぽい石灰質の岩盤と砂地が見える環境に変わっていったとしたら、従来型の茶色い体色よりも、

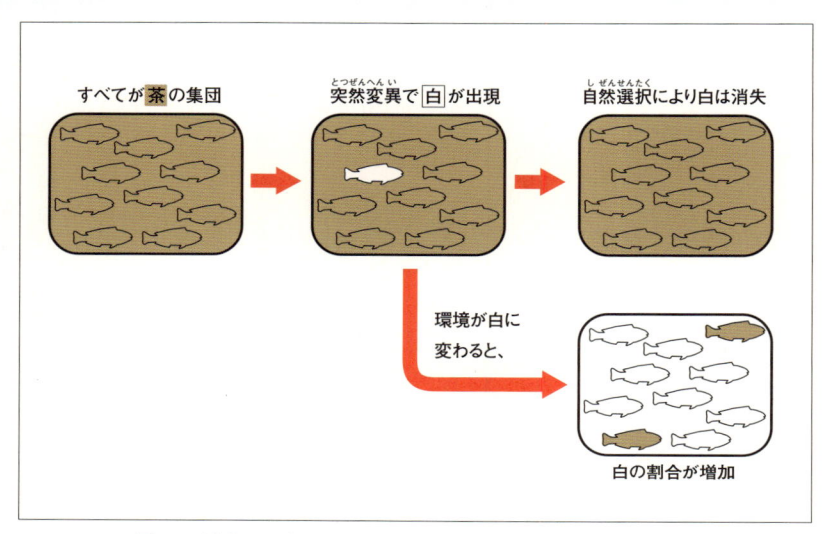

図 4-5　進化のしくみ
突然変異と自然選択。矢印は左から右へ時間の経過を示す

　突然変異で生じた白い体色の方が保護色になって生存率が高くなり、自然選択されて子孫をより多く残していくだろう（図4-5右下）。つまり、環境が変化すると選ばれる生物の性質も変化するのだ。

　この自然選択のしくみを「適応度」という用語を用いて表現することもできる。適応度とは、その環境にどれくらい適応しているかという程度を示す指標で、一生の間に残す子孫の数で比べることができる。つまり、環境の変化に応じて、適応度がより大きい性質（遺伝子）の割合が増えていく。これが適応的進化のしくみである。

　では、もともと茶色い体色をしたブダイに、突然変異で生じた白いタイプの割合が増えていったとしたら、別の種になった、新しい種ができたといってよいだろうか。いや、そうではない。その種のもつ1つの性質が変化（進化）しただけだ。では、別種になるの

第4章 なぜ種ごとに違うのか？（体色の進化1）

はどのような場合だろうか。そして、種ごとの体色の違いはどのようにして生じてきたのだろうか？

> **もっと知りたい！**
>
> ### 適応度と自然選択
>
> 　適応度とは、ある個体（のもつある性質）が、それが住んでいる環境にどの程度、適応しているかを表す指標のこと。
> 　具体的には、異なる性質をもつ個体間で、次の値を比較することで、どちらの適応度が大きいかを判断することができる。
>
> 　　　個体の適応度＝自分の子孫の数
> 　　　　　　　　　＝次世代に残す遺伝子のコピーの数
>
> 　同一種内に異なる性質を示す個体がいたとき、適応度が大きい（＝次世代に残す遺伝子のコピーの数が多い）性質の方が、世代を重ねるにしたがって増えていく。これが自然選択の考え方である。

別種になるプロセス

　答えは、種分化と呼ばれるプロセス（過程）にある（図 4-6）。もともと茶色い体色をしたブダイたちが住んでいた場所（分布域）が、なんらかの理由で、たとえば海底が隆起して山脈ができたとかで、2つに分断されたとしよう。分断された2つの集団の間で、互いに交流して子孫を残すチャンスがなくなったとしたら、どうなるだろうか？

もしその2つの集団の片方で環境が変化して、海藻が生えることができなくなり、白っぽい石灰質の岩盤と砂地が現れはじめ、あるとき突然変異で白い体色の個体が生じたとしたら、時間の経過とともにその集団は白い個体ばかりになっていく。もう一方では環境が変化せず、海藻が生えたガラモ場が維持されているなら、体色ももとの茶色のままだ。

　突然変異は偶然起こるコピーミスなので、2つの集団でまったく同じ突然変異が起こる可能性は低い。また、離れた2つの場所で同じような環境の変化が起こるとは限らない。したがって、時間の経過とともに、それぞれの場所で異なる突然変異と自然選択がくりかえし起こることにより、2つの集団がふたたび出会ったとしても、性質が違いすぎて、もはや繁殖できなくなってしまうことがある。

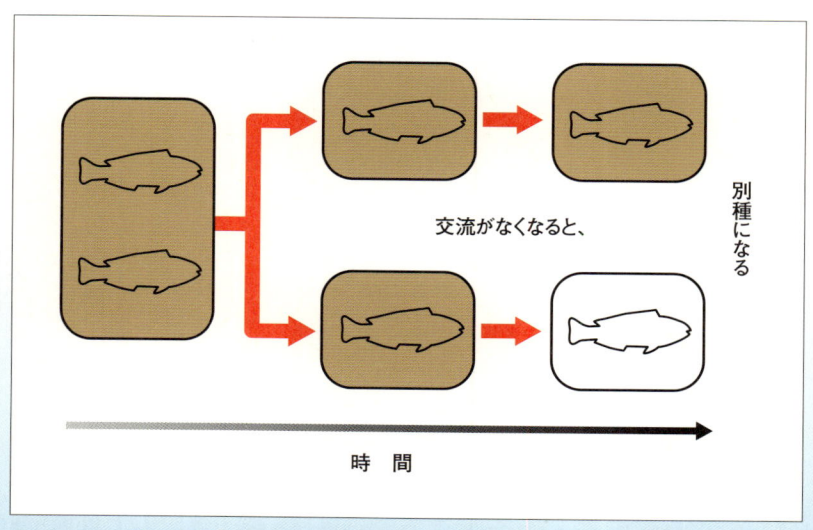

図4-6　種分化のしくみ
　　　　2つの集団に分かれて互いに交流がなくなると別種になる

第4章 なぜ種ごとに違うのか？（体色の進化1）

互いに交配（こうはい）不可能になれば、2つの集団は別種になったと判断されるのだ。つまり、もともと茶色い体色をした種から、茶色い体色の種（集団）と白い体色の種（集団）に分かれていったのだ。

これが種分化の基本的なプロセスである（図 4-6）。このようにして生物の種の数が増える一方で、絶滅（ぜつめつ）することもしばしばある。種分化と絶滅をくりかえして今日に至っているのである。最初に示したベラ科の系統樹（けいとうじゅ）（図 0-2：5ページ）は、このような種分化の歴史を再現（推定）して、親（しん）せき関係を示したものなのだ。

> **もっと知りたい！**
>
> ### 系統樹（けいとうじゅ）と種分化（しゅぶんか）
>
> 地球上の生物は種分化（しゅぶんか）と絶滅（ぜつめつ）をくりかえしてきた。その歴史を再現しようとするのが系統樹（けいとうじゅ）である。
>
> 現在生きている生物の細胞（さいぼう）から DNA 分子を取り出し、そこに記録されている遺伝情報を種間（しゅかん）で比較（ひかく）することによって、系統樹を描（えが）くことができる。これを分子系統解析（ぶんしけいとうかいせき）と呼んでいる。
>
> DNA の違（ちが）いが小さい種間ほど、最近になってから種分化した、近縁種（きんえんしゅ）だとみなすことができる。下図で赤い点線で示したのは絶滅した種。

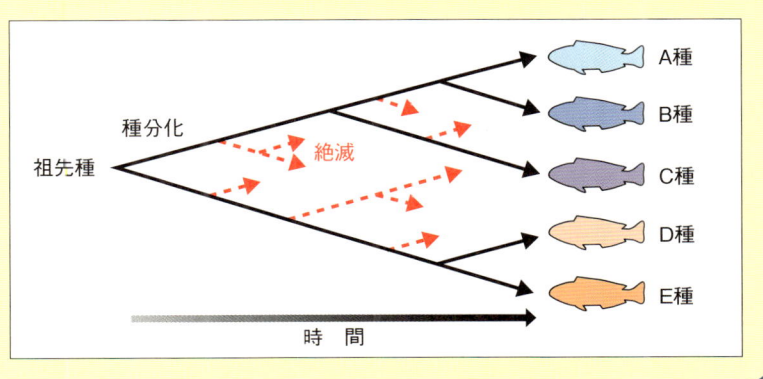

祖先種　種分化　絶滅　時間
A種　B種　C種　D種　E種

適応度が同じなら

　さて、環境が異なれば違う体色になるというのは自然選択の働きだが、実は進化においては自然選択以外の働きもある。たとえば、図 4-5（58 ページ）にもどって、ガラモ場に住んでいる茶色い体色をしたブダイに、白い体色になる突然変異が生じた場合のもう1つの可能性を考えてみよう。

　先ほどの説明では、ガラモ場では白い色は目立つので敵に見つかって食べられやすいと考えたが、同種にも目立つので、ばらばらになってもすぐに仲間を見つけて群れをつくりやすいかもしれない。摂餌のための群れの効果については前の章で説明したが、群れには敵から身を守るという効果もある。群れの中のだれか1匹が敵の接近に気づいて逃げ出すと他のメンバーも一緒に逃げることができるとか、敵に見つかったとしても自分が食べられる確率が下がる（10 匹の群れなら、自分が食べられる確率は 10 分の 1）ということも考えられる。つまり、さまざまな側面を考えたとき、ガラモ場にいる白い個体は茶色い個体に比べて、不利な点ばかりではなく、有利な点ももっているかもしれない。

　そして、さまざまな視点から総合的に評価した結果、もし白い個体の適応度が茶色い個体のそれと同じくらいだったとしたら、どうなるのだろうか？　自然選択では適応度が大きい方の性質が選ばれていくと先ほど説明した。この理屈でいくと、適応度が同じなら、どちらも同じように選ばれるはずだ。つまり、白い体色の突然変異

第4章 なぜ種ごとに違うのか？（体色の進化1）

が、たとえば100匹中1匹の割合で生じたとしたら、その後、何世代経過しても、白い個体の割合は1%のまま変わらない（消失も増加もしない）はずだ。これが自然選択の理論による予測だが、現実には割合は一定ではなく、ほとんどは消失し、まれに増加することがある。

その理由は、「たまたま」だ。つまり、偶然によって、適応度が変わらなくても増えたり、減ったりするのだ。これをコイン投げにたとえてみると、表の出る確率と裏の出る確率は本来等しいはずだが、実際にコイン投げをやってみると、たとえば10回やるといつでも表5回と裏5回という結果になるとは限らず、連続して10回表が出ることもある。そんなことはたまにしか起こらないけれど、実際に起こりうるし、起こる確率も計算可能なのだ。これと同じように、白い個体の割合は1%のままのはずだと自然選択の理論では予測されるが、たまたま運が悪いとすぐに消失するし、逆に何世代も続けて運がいいと白い個体が増え続け、集団の主流になっていくことがあるのだ。

このような偶然が、種分化のプロセスで起これば、環境が同じであったとしても、2つの集団が異なる体色に進化していくことがある。そして、後にその2種が出会えば、同じ環境に住んでいるのに、体色は種ごとに違うという結果になる。サンゴ礁という同じ環境に住んでいる魚たちがさまざまな体色をしているのには、このような理由もあったのだ。

次の章では、同じ環境に住んでいる同じ種の雌雄で体色が異なるのはどうしてかについて考えてみよう。

第5章 なぜ雌雄で違うのか？（体色の進化 2）

性差の進化―性選択

　同じ環境に住んでいる雌雄の体色が異なるのはどうしてだろうか。雌雄で体色が異なる種は、ブダイに限らず、他の魚類や鳥類やほ乳類でも決してめずらしくない。たとえば、動物園に行ってクジャクを見てみよう。派手な目玉模様をちりばめた大きな尾羽を広げて求愛しているのは雄で、雌の体色は地味で尾羽も小さく目立たない。

　実は、この問題の答えを最初に思いついたのもダーウィンだった。彼はその理論を性選択（性淘汰）と名づけて自然選択と区別したが、広い意味での自然選択の考え方（前章の適応度による説明）に含まれるとみなしてもよい。

　同じ種の雌雄は同じ自然環境に住んでいるといっても、種内の社会関係（社会的環境）は同じとは限らない。つまり、雄どうしの関係と雌どうしの関係は同じとは限らないし、雌雄の置かれた社会的な立場が異なることもしばしばある。私たち人間の社会を考えてみてもわかるだろう。つまり、雌雄の生存にかかわる自然環境は同じでも、繁殖をめぐる社会的な環境が雌雄で異なることがあるのだ。

　ちなみに、先に説明した幼魚と成魚の体色の違いも、同じ環境に住んでいても社会的立場が異なるから生じたものだといえる。成魚

第5章　なぜ雌雄で違うのか？（体色の進化2）

と異なる体色をもつことが、幼魚にとっては攻撃されるのを避けて生存率を上げる、つまり適応度を上げることにつながるのである。

> **もっと知りたい！**

種内の社会関係

　魚類では体の大小で優劣関係などの社会関係が決まることが多い。
　似た大きさの個体は排他的ななわばり関係になったり、逆に、遊泳力が等しいので、一緒に群れを作って泳ぐ場合もある。
　体の大きさが違うと、同じ場所に住むグループの中で、大きい個体ほど優位になる順位関係が生じることもある。
　繁殖をめぐっては、異性間の関係、同性間の雄どうしの関係、雌どうしの関係という、3タイプの社会関係が生じる。

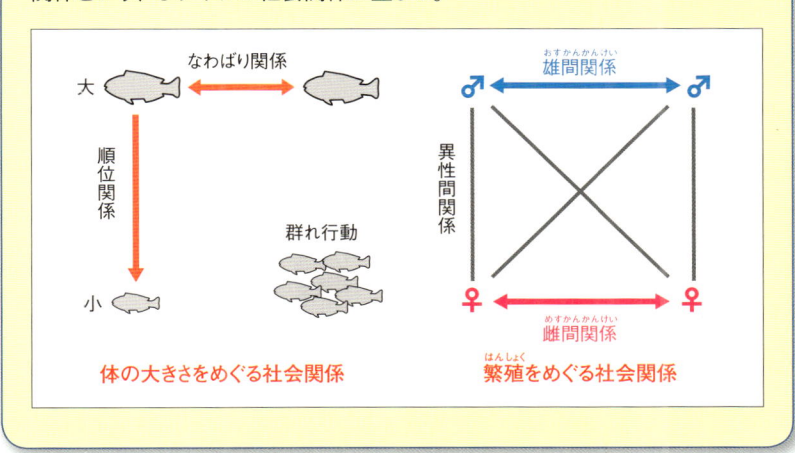

体の大きさをめぐる社会関係　　繁殖をめぐる社会関係

雄と雌の違い

　さてここで、そもそも2つの性の違いはどこにあるのだろうか。雌とは卵をつくる性、雄とは精子をつくる性のことである。卵は卵

黄という栄養分をたっぷり含んだ大きな細胞であるのに対し、精子はうんと小さく、毛のように動く鞭毛をもっていて卵まで泳いで行って受精する。精子が運んできた父親由来の遺伝子（DNA）が卵に注入され、母親由来の遺伝子と合体するのが受精である。

　雄は卵よりもうんと小さな精子をつくるので、数はたくさんつくれる（図 5-1）。したがって、1 匹の雌が産んだ卵に受精したあとも、精子はまだたくさん余っており、2 匹目、3 匹目の雌が産んだ卵にも受精できる。つまり、精子の数だけでいえば、雄は潜在的に多くの雌たちと配偶できる（一夫多妻になりうる）能力をもっているのである。

　実際には、どの雄も一夫多妻を実現しようとすれば、雌（卵）の数が限られているので、配偶者（雌）の獲得をめぐって雄どうしで争う状況が起こりやすい。これを雄間競争と呼んでいる（図 5-1 左）。

　一方、雌からみると、雄（精子）はあり余っているので、雄の取り合いをする必要がなく、雌間競争は起こりにくい。その代わり、雌は選り好みをする。特定の性質をもった雄を好み、配偶者として選ぶのである。これを配偶者選択と呼んでいる（図 5-1 右）。

　卵と精子の大きさの違いが、数の違いをもたらし、その結果、同性間競争としては雄間競争が、配偶者選択としては雌が雄を選ぶという状況になりやすく、その逆はまれなのだ。このように、同じ種内でも雄と雌は繁殖に際しては異なる立場（社会的環境条件）に置かれている。その結果、性差が進化するのである。

　具体的に、どのようにして雄の方が大きく派手になるのかを次にみていこう。

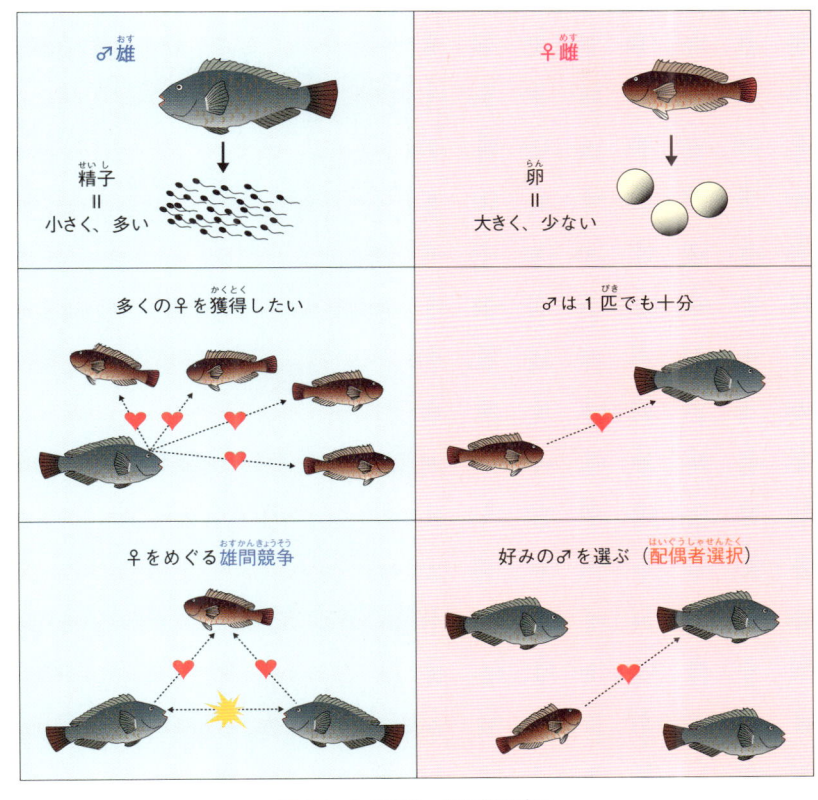

第5章 なぜ雌雄で違うのか？（体色の進化2）

図5-1 2つの性。雄と雌の違い

大きくて派手な雄

　雄間競争に勝つのは、ふつうは体の大きな雄である。魚の場合、けんかの勝敗に影響するのは第一に体の大きさであり、相対的な大きさで優劣関係が決まる。

　大きな雄の方が雄間競争に勝って雌を手に入れ、子孫を残すことに成功すれば、次の世代にはその雄の性質（遺伝子）を受けついだ

「大きくなる」息子たちが増えていくことになる（図5-2左）。

　同じ種類の雌どうしでは配偶者獲得をめぐる雌間競争がないとすれば、雄の方だけ大きくなる方向に進化が起こり、体サイズの性差が拡大していくことになる。

　一方、雌が雄たちの中で、より派手な体色をした雄を選んで、その精子をもらえば、次の世代には「派手好み」の性質を受けついだ娘（むすめ）たちが増えていく、と同時に派手な色をした息子たちが増えていく（図5-2右）。

　ではなぜ、雌は派手な雄を選ぶのだろうか？　それは、生存上あるいは繁殖上有利な遺伝子（良い遺伝子）をパートナーの雄から子にもらうためである。でも、雌は地味な雄が良い遺伝子をもっていないことを、どうしてわかるのだろうか。遺伝子（DNA）は細胞の中にある分子であり、目には見えない。雌にはDNAに書き込（こ）まれた遺伝情報を読み取る超能力（ちょうのうりょく）でもあるというのだろうか？

　実は遺伝情報を直接読み取らなくても、間接的に推定する方法があるのだ。たとえば、派手な雄は敵にも見つかりやすいという生存上の不利さをもっているが、それにもかかわらず生きのびてきたということは、その不利さを補うような良い遺伝子（生存率を高める遺伝子）をもっているはずだ。したがって、雌は派手な雄さえ選んでおけば、結果的に、その雄がもっている良い遺伝子を子にもらうことができるというわけだ。

　あるいは、派手で鮮（あざ）やかな色を出せている雄ほど寄生虫が少ない（つまり健康）という傾向（けいこう）があるなら、その遺伝子をもらえば、子の生存率も上がるはずだ。単純に派手さという基準で雄を選ぶだけで、その

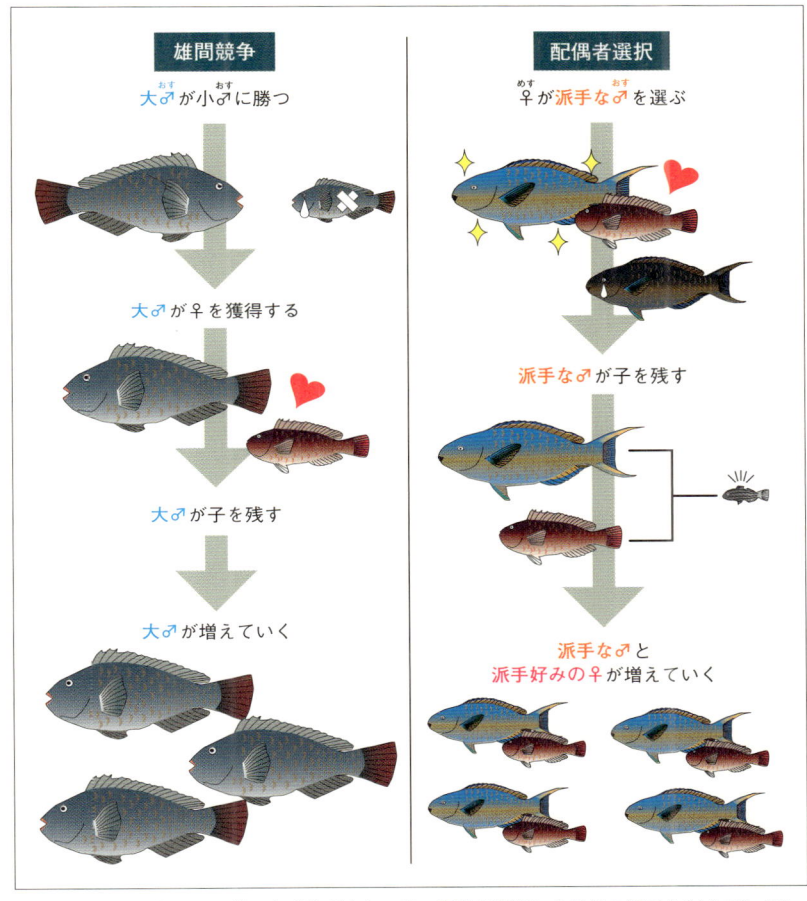

第5章 なぜ雌雄で違うのか？（体色の進化2）

図 5-2　雄間競争による雄の大型化（左）と、雌の配偶者選択による雄の派手化（右）のしくみ

　時々に流行している病気の原因（寄生虫やウイルスなど）に強い（耐性のある）遺伝子を、雄から子にもらうことができるのだ。単純だけれども、子の生存率を上げるためには、すばらしい選択基準だ。

　さらに、良い遺伝子をもっているかどうかわからないとしても、たまたま派手な雄が目立って雌にもてはじめたとしよう。そうす

ると、その派手な雄を選んだ雌が産んだ息子も派手になるので、息子たちが雌にもてて孫が増えていく。雌はもてる息子をつくろうとしたら、そのときもてている雄を選べばよいということだ。そして、最初はたまたま目立つので選んだとしても、その好みがどんどんエスカレートしていき、それに応じて雄の方もより派手に進化していく。

　結局、雌としては、派手さという単純な基準で雄を選べば、その結果として、生き残る子が増え、孫が増える。つまり、自分の遺伝子をより多く残して行く（適応度が大きくなる）ことにつながるのだ。

　そして、雌の派手好みが強くなればなるほど、派手な雄ほどもててたくさんの子孫を残すので、雄はより派手になる方向へと進化していくことになる（図5-2右）。

　ブダイ類の雌雄の体色の違いについても、雄間競争と雌による配

> **もっと知りたい！**
>
> ## 性選択と自然選択の関係
>
> 派手な雄 は、
>
> 雌に配偶者選択されやすい＝**性選択**では**有利**
> 捕食者に見つかりやすい＝**自然選択**では**不利**
>
> 　繁殖上（性選択）の有利さから生存上（自然選択）の不利さを差し引いて適応度が最大になるところで、派手さの進化は止まる。
> 　したがって、捕食者が多い環境では派手な体色は進化しにくい。

第5章 なぜ雌雄で違うのか？（体色の進化2）

偶者選択によって進化したという説が当てはまるかどうかは、次の章で産卵に至るまでの配偶行動を詳しくみてから答えを出すことにしよう。

配偶者選択と種多様化

　第3章でブダイ類を含むベラ科では、昼間に産卵するようになったことが、結果的にさまざまな種に分かれるという種の多様性をもたらした（種多様化と呼ぶ）と予測した。なぜそんな予測ができるのだろうか？

　ベラ科の種多様化については、摂餌行動に関連した形質、たとえば図1-18（25ページ）で見た咽頭歯や歯板の進化がきっかけとなったとする仮説があった。しかし、最近のベラ科の親せき関係を調べた系統分析によると、爆発的な種分化（種多様化）が起こったのは、それら摂餌器官が進化した時代よりずっと後になってからだということがわかり、摂餌よりも性選択（配偶者選択）が種多様化をもたらしたのではないかと推測されている。

　種が多様化するとは、前の章で説明した種分化がどんどん起こるということだ。種分化における性選択の役割に関しては、ベラ科に近縁で、ベラ科以上に多くの種を含むカワスズメ科（シクリッド科）で研究が進んでいる。シクリッドはアフリカ、アジア、アメリカの熱帯淡水域に広く分布しており、体色も多様なことから飼育マニアも多い。

　アフリカのビクトリア湖では、近年の人間活動により水質汚濁が進んだ結果、そこに住んでいたシクリッドの種数や体色の多様性が

減少したという報告がある。その理由は、湖の透明度が下がって周囲が見渡しにくくなり、雌が雄の体色に基づいて配偶者選択することができなくなったせいだと考えられている。逆に言えば、昔は透明度が良かったために、視覚に基づく配偶者選択が急激な種分化（種多様化）をもたらしたという可能性が指摘されている。

　ブダイ類についてはまだこのような研究はないが、雌が雄の体色に対する好みを基準として配偶者選択をしているとすれば、薄暗い夕方よりも、明るい昼間の方が細かい色彩と模様の区別ができるはずだ。つまり、昼間の産卵に移行したことが、より細かい配偶者選択を可能にし、種多様化をもたらした可能性がある。

性転換

　ブダイやベラの雌と雄には、もう1つ変わった関係がある。地味な色をした雌は、成長すると、やがて派手な色をした雄に変わってしまう。雌から雄に性転換するのだ。まず雌として成熟したのちに雄に性を変えるので、雌性先熟の雌雄同体と呼んでいる。

　魚の中にはクロダイやクマノミのように、雄から雌に性転換する雄性先熟の種もいる。なぜ、種によって性転換の方向が逆になるのだろうか？

　ブダイ類の多くは、次章で述べるように、産卵場所で雄どうしがなわばり争いをするが、これに勝てるサイズにまで成長すれば、雄に性転換する。雌のままでいるよりも、雄になってなわばりをかまえた方が、たくさんの雌を獲得できて、子孫の数が増えるからだ。

第5章　なぜ雌雄で違うのか？（体色の進化2）

　つまり、一生雌で過ごすよりも、成長に応じて雌から雄に性転換した方が、一生の間に残せる子どもの数、つまり適応度が大きくなるので（図 5-3a）、雌性先熟という性質が自然選択されてきたのである。

　一方、大きな雄がたくさんの雌を獲得できるとは限らない、つまり小さな雄にも大きな雄と同じくらい繁殖のチャンスがある種では、雌の方は大きくなるほどたくさん卵をつくれるようになるので、小さいときは雄、大きくなると雌になるという雄性先熟が進化する（図 5-3b）。

　図 5-3 に示したグラフでは性転換すべき体サイズ（年齢）が種ごとに決まっているかのように見えるが、実際は必ずしもそうではない。サンゴ礁魚類ではいつ性転換するかは、ある地域あるいはグループの中で自分が出会う同種他個体との体の大きさの違いで決まるこ

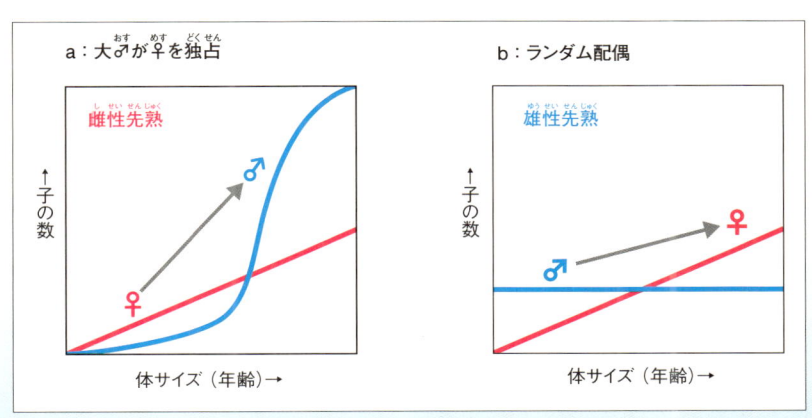

図 5-3　性転換の進化
　a：大きな雄が雌を独占する配偶システム（一夫多妻など）をもつ種では雌性先熟が進化し、b：小さな雄でも同じくらい繁殖できる（ランダム配偶）種では雄性先熟が進化する

とが多い。なぜなら、魚類の場合、体が大きい方がけんかに勝つ傾向があるので、相対的な大きさで優位か劣位か、つまりその地域やグループ内での社会的な地位が決まるからだ。

　たとえば、一夫多妻のグループで繁殖する種であれば、雄が死亡すると、残されたもののうち一番大きな雌だけが雄に性転換する。その結果、どのグループでも雄は雌よりも大きいが、異なるグループどうしで比べると雄の大きさには違いがある。

　また、サンゴ礁ではブダイ漁がさかんに行われてきたことを先に述べたが、もし大きな雄だけが狙われて選択的に漁獲され続けると、それを補うように、より小さなサイズで雌から雄に性転換するようになる。

　一方、カリブ海に住むバックトゥース・パロットフィッシュでは、同じなわばりに住む大きな雄が死ぬと、残されたものの中で一番大きな雌ではなく、二番目あるいは三番目に大きい雌が性転換することがある。あるいは、どこかから独身雄がやってきたら、それを受け入れて、どの雌も性転換しないこともある。このときの雌の体の大きさと産卵数の関係を計算してみると、一番大きな雌が産める卵の数は、同じなわばりに住む残りの雌たちが産める卵の数の合計よりも多くなっていた。

　つまり、性転換して同じなわばりに住む残りの雌たちの卵を受精するよりも、雌のままで産卵を続けた方が、より多くの子孫を残せるので、性転換すべきではないと説明できる。一方、二番目あるいは三番目に大きい雌は、雄に性転換した方がより多くの卵に受精できるので、可能ならば（他の雄、あるいは性転換しようとしている

第5章 なぜ雌雄で違うのか？（体色の進化2）

他の雌との競争に勝てれば）性転換した方がよいのだ。

　ちなみにカンムリブダイは、ブダイの中では例外的に、性転換しない、つまり雌雄異体だと報告されている。ただし、雄の生殖腺の組織を詳しく見てみると、卵細胞をつくる卵巣の痕跡が残っていることがわかっていて、幼魚ではまず卵巣が形成されはじめるが、卵細胞が成熟する前に、精巣に変化して精子をつくりはじめると考えられている。

　カンムリブダイが性転換しない理由については、次章で繁殖行動を紹介してから詳しく検討してみたい。

もっと知りたい！

魚類の性様式

魚類各種にみられる性の様式には次の5タイプがある。

① **雌雄異体** ♂ か ♀
　　一生の間、雄か雌か、どちらかの性だけ

② **雌性先熟** ♀ → ♂
　　雌から雄に性転換

③ **雄性先熟** ♂ → ♀
　　雄から雌に性転換

④ **双方向性転換** ♀ → ♂ → ♀
　　同じ個体がどちらの方向にも性転換できる

⑤ **同時的雌雄同体** ♂ ＋ ♀
　　卵巣と精巣を同時に成熟させて、卵と精子を両方とも出せる

小さくて地味な雄

　さらにややこしいことに、ブダイの多くの種には、雌と同じ地味な体色をした小さな雄も見つかっている。これを一次雄（生まれつきの雄＝生涯雄）と呼び、雌から性転換した二次雄と区別している。一次雄は大きくなっても性は変えないが、体色は二次雄と同じ派手な色に変わる。

　つまり、1つの種の中に2タイプの生活史が見られるということだ（図 5-4）。雌雄異体種の場合は雄と雌の2タイプだが、この場合は雌性先熟個体と雄の共存である。

　体が小さい一次雄は、雄間競争では大きな雄に負けてしまう。だとしたら、小さいときは雌になった方がたくさん子孫を残せるはずだ。にもかかわらず、なぜ一次雄が存在するのか？　この謎の答も、次章で繁殖行動を見ていくと明らかになってくる。

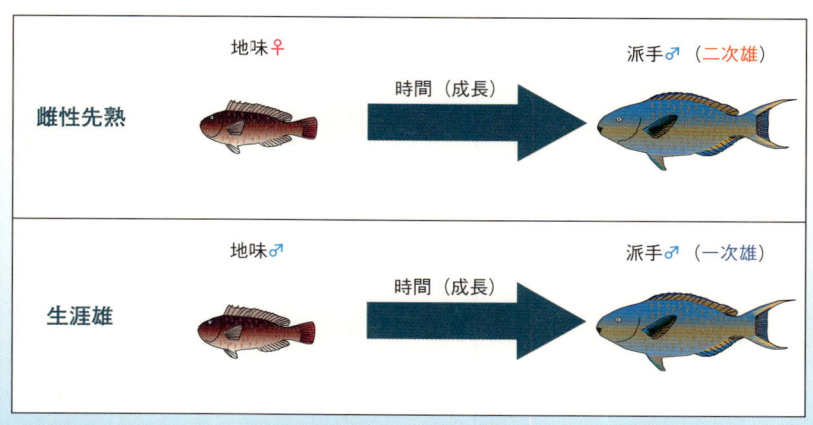

図 5-4　1つの種内に見られる2つの生活史。雌性先熟と生涯雄

第6章
水中を舞う―ブダイの配偶行動

🌙 大きな雄のなわばり 🌙

　先に述べたように、西表島の調査地のリーフエッジでは、毎朝、多いときには10種類ものブダイたちが集まってくる。まず目立つのは、派手な雄たちのなわばり行動と求愛行動である（以下の繁殖行動の動画については巻末に挙げたウェブサイトで見ることができる）。

　なわばりをもっているのは、雄間競争に勝った、大きくて派手な雄だけである。直径5〜10メートルほどの範囲をパトロールし、同種の雄が近づいてくると激しく追い払う。紡錘形の弾丸が飛び交うように、ものすごいスピードで追いかける。

　ときには異種間でけんかになることもあるが、原則として同種の雄に対して防衛するなわばりが、集まった種類数のぶんだけ何重にも重なりあっている（図6-1）。それぞれの雌が産卵場所として好む場所を独占しようと、雄間で競争しているのである。このようになわばりをもった雄を「なわばり雄」と呼ぶ。

　そこに地味な色をした雌がやってくると、なわばり雄は海底から数メートル上で、水平に輪を描いて舞うように泳ぐ（図6-2ab）。これが求愛のダンスで、胸ビレをせわしなくパタパタさせながら泳

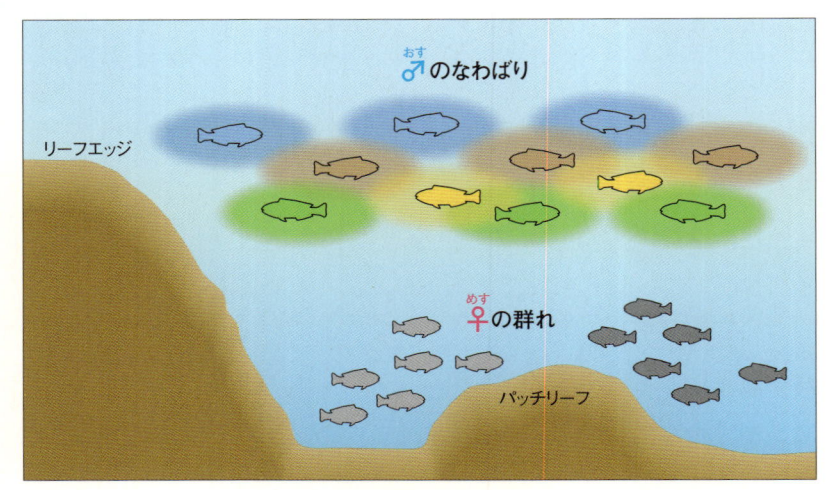

図 6-1　ブダイ類の雄の求愛なわばりの模式図
　　　　雄の色の違いは種が異なることを示す

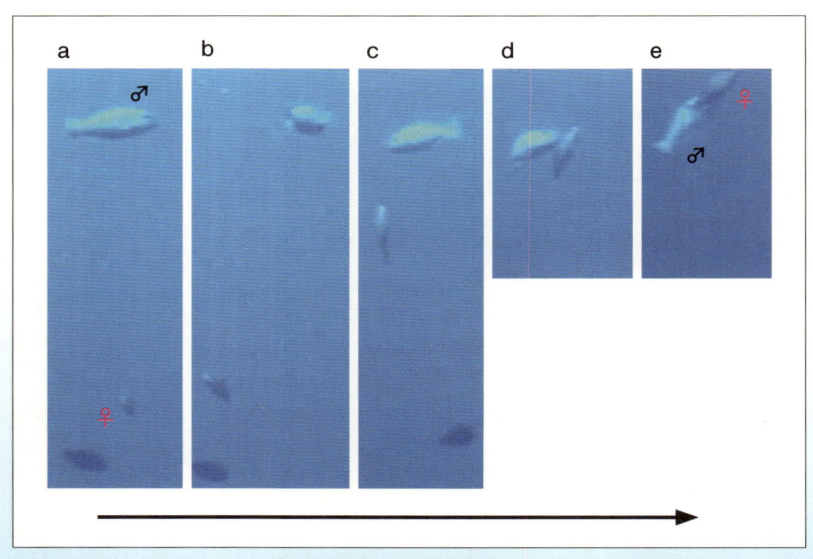

図 6-2　ハゲブダイのペア産卵（ビデオより：左から右へ経過）

第6章　水中を舞う―ブダイの配偶行動

ぐので、パタパタ求愛と呼ぶことにしよう。

　地味な雌の体色は異種間でも似ていることがあるので、他種の雌がきたときにもまちがって必死にパタパタすることがある。しかし、雌の方は雄の体色をよく見ていて、まちがって異種の雄の求愛に応じることはない。

　なお、はしがきで、ブダイの語源について「舞鯛（ブダイ）」つまり「舞うタイ」という説もあることを紹介（しょうかい）したが、大昔の人が潜（もぐ）ってブダイの求愛行動を観察していたとは考えにくいので、これはスキューバダイビングがはじまってから（20世紀半ば以降に）ダイバーが後になって考えた当て字ではないかと思う。私自身は本州沿岸にいるブダイしか見たことがなかったときには、その顔つきから「不細工（ぶさいく）なタイ」＝「不鯛（ブダイ）」「醜鯛（ブダイ）」となったのだと思い込（こ）んでいたが、真偽（しんぎ）のほどはよくわからない。

ペア産卵

　さて、産む気がない雌は、そのまま雄のなわばりの底を通過して行ってしまう。産む気があるときは、最初は底近くに留（とど）まり、上方の雄のパタパタ求愛の様子を見ている（図 6-2a）。まるでその舞姿（まいすがた）を品定（しなさだ）めしているかのように。

　その雄が気に入ると、雌はゆっくり上昇（じょうしょう）していく（図 6-2bc）。すると、雄はますます激しくパタパタ求愛し、雌がさらに上がってくると、下にまわってすぐそばに寄り添（そ）う（図 6-2d）。最後に、雌は急にスピードを上げて上昇ダッシュし、雄もそれに遅（おく）れまいと必

死についていく（図 6-2e）。その頂点でパッと白濁が広がる。

　卵と精子がほぼ同時に水中に放たれる放卵放精である。放卵放精は雌雄が別れて下降しようとする瞬間に起こる。写真（図 6-3）はインド洋のモルジブで撮影した、沖縄にはいない種類（キツネブダイに近い種）で、雄（左）と雌（右）が少し離れているが、雄の出した精液が右からきた卵の集団に到達しているのがわかる。各精子は水中を泳いで卵に到達する。水中ではこのような体外受精が可能なのである。

　雌雄 1 対のペアで上昇するので、これをペア産卵と呼んでいる。一瞬にして産み終わった雌は、すぐ底に降りて、なわばりを出て摂餌場所へと移動してしまう。雄は、まだ底の方に他の雌がいれば、続けてパタパタ求愛を行い、産卵に誘う。

　よくもてる雄のなわばりには、1 日に、というか実質的には 1 時間あまりの産卵時間帯に、数十匹もの雌がやってきて産卵する。雌

図 6-3　キツネブダイに近い種（カンデラモア・パロットフィッシュ）の放卵放精
　　　　左が雄、右が雌

は1日に1回しか産まないが、雄はペア産卵をくりかえすのである。

このような配偶システムをもっていることが、ブダイの体色と体長の性差を進化させたのだ。前章で述べたことをくりかえすと、雌が好む産卵場所をなわばりとして確保するための雄間競争により、大きな雄が進化し、雌が体色に基づいて配偶者選択することにより、派手な雄が進化してきたと考えられる。

小さな雄のスニーキング

なわばり雄のペア産卵を観察していると、ペアが上昇ダッシュした瞬間に、下の方からもう1匹の雌が猛ダッシュで飛び込んでくることがある。実は、これは雌ではなくて、雌と同じ地味な色をした小さな雄（一次雄）である。

ペア産卵に飛び込んで、精子をかけて逃げて行くのである。この行動をスニーキング（あるいはストリーキング）と呼んでいる。

スニーキング（sneaking）は「こっそり忍び寄る」、ストリーキング（streaking）は「稲妻のように特定の方向にすばやく動く」という意味から使われはじめた用語で、それぞれ一連の行動の異なる局面に注目して名づけられている。要するに、最初はなわばり雄に見つからないようにこそこそしていて（スニーキング）、ペア産卵の瞬間に稲妻のように飛び込んで行く（ストリーキング）という行動である（図6-4）。

小さな雄は雄間競争に負けて、なわばりをもつことはできない。その代わり、スニーキングという別の繁殖手段をとるという選択肢

があったのである。これを代わりのやり方という意味で代替戦術と呼んでいる。雄は体サイズに応じて繁殖戦術を使い分けているのだ。

なわばり雄にとっては、スニーキングされると、自分が受精できるはずだった卵の一部を横取りされてしまうので都合が悪い。そこで、スニーキングされたことに気づくとすぐに、地味な雄を底まで追ってしつこく攻撃する。逆に言えば、スニーキングされるまでは、雌との区別がつかなかったのである。

小型雄は雌と同じ体色をもつ、つまり雌に似る（擬態と呼ぶ）ことによって、なわばり雄をだまし、なわばりに侵入してスニーキングするチャンスを高めていると考えられる。派手になるのではなく、雌と同じ体色をもつことが、小型雄にとっては適応度を上げること

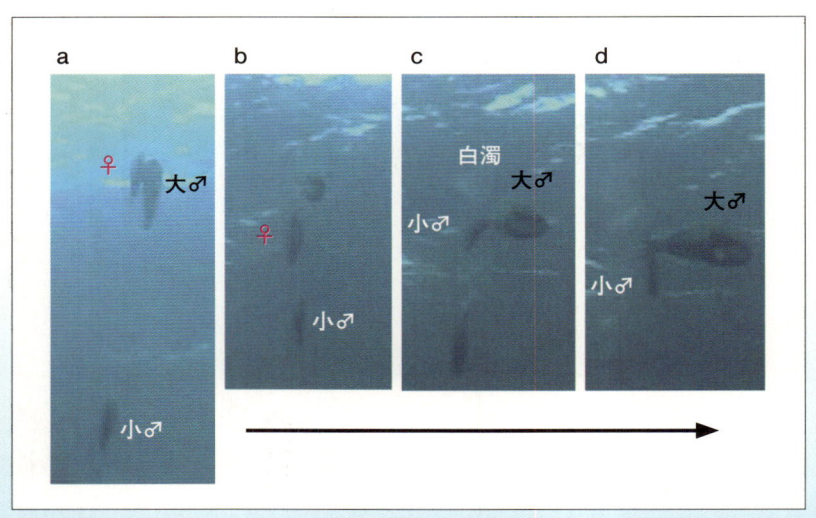

図6-4　オオモンハゲブダイのスニーキング（ストリーキング）（ビデオより：左から右へ経過）
a：産卵上昇しているペアを見つけた小雄が下から上がってくる、b：放卵した雌が急いで降りてくるのと入れ違いに小雄が上昇ダッシュ、放精した大雄はゆっくり降りはじめる、c：卵（白濁）めがけて小雄が放精、d：小雄も大雄も下へ

第6章　水中を舞う—ブダイの配偶行動

につながるのである。

　なわばり雄自身も、自分のところに雌がやってこないと、となりのなわばり雄がペア産卵する瞬間を狙（ねら）って、猛スピードで飛び込んで行くことがある。雄間競争に勝ってなわばりをもてたとしても、雌に選んでもらえなかったときには、すみやかに代替戦術に切り替（か）えて子孫を残そうとしているのだ。

グループ産卵

　小さくて地味な雄には、さらにもう1つの代替繁殖戦術もある。それはグループ産卵（群れ産卵）である。産卵場所に小さくて地味な雄がたくさん集まってきたときには、群れをつくって1匹の雌を追尾（ついび）する（図 6-5）。

　群れをつくると、みんなで行けばこわくないということで、大きな雄のなわばりにも侵入する。なわばり雄は数の多さに負けて、追い払（はら）いきれなくなってしまう。そして、雌が産む気になって上昇を開始すると、数匹（ひき）〜10匹（こ）を超える小さな雄たちがいっせいに後を追って上昇し、放精する（図 6-6）。

　雌1匹に対して雄が多数だから、1回のグループ産卵に限っていえば、一妻多夫（いっさいたふ）の配偶関係になる。しかし、雌は1日に1回しか産まないのに対して、小さい雄は次の雌を追尾して、1日に何回もグループ産卵に参加して放精することができる。

　グループ産卵では1匹の雌が産んだ卵に対して、複数の雄が精子をかけるので、雄としては放精しても自分の子ができる保証はな

図 6-5　ハゲブダイの雌と同じ色をした小雄たちが群れて雌を追尾

図 6-6　ハゲブダイのグループ産卵
中央上に白濁が見える

い。他の雄の出した精子との間で、どれが先にたどりつくかで卵の受精をめぐる競争が起こるからである。これを精子競争(精子間競争)と呼んでいる。なわばり争いという雄間競争に負けても、なんとか配偶できたと思ったら、今度は精子競争である。雄には競争が

第6章　水中を舞う－ブダイの配偶行動

つきものだ。

　この精子競争に勝つ方法は、追尾中に雌のすぐそばに位置取りして、雌が上昇しはじめたときに遅れないようについていき、卵のすぐそばに放精することだ。そのために雌が産卵するまで追尾し続けるのだ。しかし、雌が上昇する瞬間に少し出遅れてしまった場合は、精子の量で勝負するしかない。他の雄よりもたくさんの精子を出せば、そのぶん、卵に受精できる割合が高まることになる。

　そのため、地味で小さな雄は、なわばりをつくっている派手で大きな雄よりも、体重あたりの割合（％）でみると、大きな精巣をもっている。精巣というのは精子をつくる工場である。精子競争に勝つためには、精巣を大きくして毎日たくさんの精子をつくることで対応せざるをえないのだ。

　ちなみに、大きくて派手ななわばり雄も、ペア産卵のときに、相手の雌の大きさに応じて放精量を調節していることが知られている。ペア産卵の直後に、白濁が見えているうちに海水ごと大きなポリ袋ですくいとり、その中に入った卵の数と精子の数を顕微鏡で数えるという、根気のいる仕事を続けた研究者がいるのだ。その結果、雄が相手にした最小の雌と最大の雌では、雄の出す精子数に5倍もの開きがあることがわかった。多くの精子を出すほど受精率は高くなるが、精子が少ない場合でも9割以上は受精していたという。小さな雌は大きな雌ほどたくさんの卵を出さないので、それに応じて放精量を節約しているのだ。精子はたくさんつくれるとはいっても、無駄にはできないのだ。

　小さくて地味な雄が精巣を大きくしようとすると、そのぶん、体

全体の成長に回すエネルギーは減ってしまう。そもそも、パタパタ求愛や追尾などの繁殖行動に時間とエネルギーを使うこと自体も、一方では成長に回すエネルギーを減らすことになる。これを繁殖と成長のトレードオフという。トレードオフとは、あちら立てればこちらが立たず、という両立できない状況のことだ。

　このトレードオフに対処する方法としては、別のやり方もある。一次雄の中には、小さいうちは繁殖に参加せず、ひたすら餌を食べて成長率を上げ、早くなわばり雄になることによって遅れをとりもどす、というやり方を採用している個体もいるらしい。これを確かめるには、小さいときから個体ごとに識別してそれぞれの行動や成長を追跡することが必要だが、ブダイではまだそのような試みはなされていない。

派手な雄のグループ産卵

　西表島の調査地では、ペア産卵のみが見られた種、ペア産卵とスニーキングが見られた種、ペア産卵もスニーキングもグループ産卵も見られた種がいた（表 6-1）。この違いは、単に種ごとの個体数の違いを反映しているようだ。

　つまり、個体数が多い種ほどグループ産卵がよく見られ、個体数が少ない種ではペア産卵しか見られない傾向があった（表 6-1）。同じ種でも産卵場所に集まってくる個体数に応じて、上記３つのどのタイプの繁殖行動が見られるかが変わってくるということだ。個体数の違いによって、雄がどの代替繁殖戦術を採用するか（でき

第6章 水中を舞う—ブダイの配偶行動

表 6-1 西表島のリーフエッジの産卵場所におけるブダイ各種の産卵回数
産卵回数の多い順に並べた。P:ペア産卵、S:ペア産卵にスニーキング（ストリーキング）、G:グループ産卵

種　名	密度*	P	S	G
ハゲブダイ	22.0	643	52	113
スジブダイ	18.4	55	19	179
オオモンハゲブダイ	7.1	78	5	10
カワリブダイ	6.9	76	5	2
レモンブダイ	0.4	33	3	2
オビブダイ	11.1	21	0	1
オウムブダイ	3.0	14	2	0
タイフンブダイ	0.1	6	0	0
ダイダイブダイ	0.9	5	1	0
カメレオンブダイ	0.0	5	0	0
イチモンジブダイ	0.6	4	0	0
ブチブダイ	0.0	3	1	0
キビレブダイ	0.6	2	0	0

*全長20センチメートル以上の個体数／1500平方メートル：岸からリーフエッジまでの500メートルを泳ぎながら幅3メートル内で見た個体を数えた

るか）が変わってくるからだ。

　さらにもう1つ新しい発見があった。この調査地でハゲブダイについで個体数が多かったスジブダイでは、地味な雄だけでなく、派手な雄もグループ産卵によく参加していたのだ。その体の大きさを比べてみると、なわばりをもっている派手な雄よりは小さく、派手であるけれども雄間競争に負けてなわばりをもてなかった雄たちだった。

　地味な雄たちよりは大きいので、中間サイズの雄と言ってもいい。彼らは地味な雄と一緒になって、あるいは中間サイズの派手な雄たちだけで、1匹の雌を追尾してグループ産卵をしていたの

である（図 6-7）。

　なわばりをもてない中間サイズなのに、なぜ派手な体色になってしまったのか。雌が、群れで追尾している雄の中から、より派手な体色をした雄を選んで産卵上昇しているかどうかはわかっていない。また、派手な色だとなわばり雄に見つかりやすいので、地味な雄よりもなわばり雄から攻撃される頻度（ひんど）が高くなると予想されるが、まだそれを示すデータも十分ではない。これもまだとけていない謎（なぞ）の1つだ。

図 6-7　スジブダイの産卵集団
派手な雄（前半濃く、後半白い）と地味な雄（全身薄茶（うすちゃ））が群れて雌を追尾。中央後方はスキューバ潜水（せんすい）で観察している共同研究者

もっと知りたい！

雄（おす）の代替繁殖戦術（だいたいはんしょくせんじゅつ）のまとめ

体（たい）サイズ	体色（たいしょく）	精巣（せいそう）の割合	配偶行動（はいぐうこうどう）
大	派手（はで）	小	・なわばり・ペア産卵
小	地味（じみ）	大	・スニーキング（ストリーキング） ・グループ産卵

第6章　水中を舞う—ブダイの配偶行動

カンムリブダイの大集団産卵

　ブダイの中で最大になるカンムリブダイは、各地で乱獲により個体数が減少していることを最初の方で述べた。ところが、最近になって、西部太平洋のパラオのサンゴ礁のある場所で、大集団で産卵しているのが発見・撮影された（巻末に示した動画サイト参照）。

　朝早くどこからともなく、体長1メートルを超えるカンムリブダイが1000匹以上もリーフエッジに集まってくる。さらに沖まで群れで移動すると、集団のあちこちで産卵上昇がはじまり、打ち上げ花火のように白濁が次々と放出される（図6-8）。やがて、そのあたり一帯の海水が白く濁ってくるほどの産卵量になる。

　カンムリブダイはもともと体色の性差はなく、集団産卵時にはどの個体も頭部が白くなる婚姻色を示していて、雌雄を区別するのは困難である。画像を見て雌雄の行動の違いから判断するのも難しいが、おそらく、1回ごとの産卵上昇は通常のグループ産卵と同じく、1匹の雌と10匹前後の雄で行っていると推察された。

　カンムリブダイでは産卵時の雄のなわばり行動は報告されておらず、グループ産卵だけを行うようだ。このことが体色や体長の性差がないこと、そしてブダイ類の中では例外的に性転換しないことと関係していると思われる。

　雌性先熟は、雄間競争が激しく、大きな雄が雌たちを独占できる配偶システムにおいて進化しやすいことを先に述べた。また、雌がなわばり雄の体色を基準にして選んでいるなら、体色の性差が進化するこ

図6-8　カンムリブダイの産卵前の大集団（上）とグループ産卵（下）
　　　　中央上に白濁が見える（越智隆治撮影）

とも述べた。カンムリブダイにはこのどちらの条件も当てはまらない。
　体色に性差のない雌雄による大集団産卵は、西表島の調査地ではブダイではなく、ニザダイ科のナガニザやシマハギで観察された。彼らは昼間はリーフフラットや岸の方まで行って摂餌しているが、

夕方になるとリーフエッジに集まってきて大集団を形成する。やがて薄暗くなるとともに、グループ産卵がはじまり、大集団のあちこちで白濁が放出される。

なぜニザダイ類では夕方に大集団産卵をし、カンムリブダイでは早朝なのか。パラオのカンムリブダイの摂餌場所は調査されていないが、産卵場所に大集団が形成されるということは、広い範囲から移動してくることはまちがいないだろう。だとすると、第3章で説明した西表島のブダイ類に早朝産卵が多い理由と同じだろう。ニザダイ類が糸状藻類をつまみ食いするのに対して、カンムリブダイはサンゴの骨格ごとかじりとる。したがって、朝起きてまず卵を放出してお腹の中のスペースを空けておく必要があるのだろう。

配偶システム―ブダイ社会のまとめ

ブダイ類の繁殖行動について紹介してきたが、最後に雌雄の配偶関係（配偶システム）という視点から、ブダイ類にみられる社会のタイプをまとめておこう。

西表島の調査地をはじめ、インド・太平洋のサンゴ礁に住むブダイ類の多くは、産卵時刻（満潮時あるいは早朝）になると産卵場所に派手で大きな雄がなわばりをかまえ、そこに雌たちがやってきてペア産卵する（さらに密度に応じてスニーキングやグループ産卵も見られる）というタイプであった。このような配偶システムのことを、なわばり訪問型複婚と呼んでいる（図 6-9）。

複婚とは、複数の配偶者と繁殖する機会があるという意味である。

なわばり訪問型複婚では、雌に好まれる産卵場所になわばりを獲得できて、派手な体色で雌をひきつけることができた雄は、1日のうちに何匹もの雌とペア産卵することができる。一方、雌は1日に1回しか産卵しないが、日によって異なる雄のなわばりを訪れて産卵することもあるので、雌からみても複婚になる機会がある。

なわばり訪問型複婚では、産卵時刻以外は、雄はなわばりをかまえることなく、雌も雄のなわばりとは異なる場所で摂餌している。

それに対して、カリブ海のサンゴ礁に住むブダイたちは、産卵時刻以外も同じ場所になわばりをかまえ、その中で摂餌している種類が多いという。1匹の雄のなわばりの中に複数の雌が住み、その雌雄で繁殖している場合を、ハレム型一夫多妻の配偶システムと呼んでいる。

ブダイ以外のベラ類でも同様に、ハレム型一夫多妻となわばり訪問型複婚の種が多い。これらでは大きな雄に雌たちを独占するチャンスがあるため、ベラやブダイでは雌性先熟の性転換をする種が多いのだ。

a：なわばり訪問型複婚　　**b：ハレム型一夫多妻**

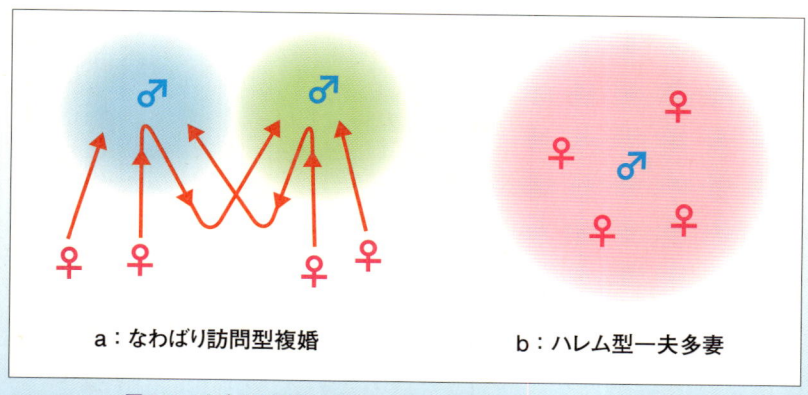

図 6-9　ブダイの配偶システム
　　　　なわばり訪問型複婚（a）とハレム型一夫多妻（b）の違い

第6章　水中を舞う―ブダイの配偶行動

　カンムリブダイのように、なわばりをかまえることなく、大集団の中でグループ産卵が行われるような場合は、配偶者が特定されないので、乱婚（らんこん）と呼ばれている。完全な乱婚なら雄性先熟（ゆうせいせんじゅく）になるはずだが（図5-3b：73ページ）、おそらくカンムリブダイでは大きな雄ほどたくさんの精子を出し、受精のチャンスが増えるので、図5-3bに示したような雌雄のラインの逆転は起こらないと考えられる。したがって、雄性先熟も雌性先熟も進化せず、雌雄異体（しゆういたい）になっているのだろう。

　一方、サンゴ礁魚類には一夫一妻（いっぷいっさい）で繁殖する種もいる。一夫一妻になる条件としては、餌場などの共同防衛（サンゴのポリプをつまみ食いするチョウチョウウオ類など）、生息場所が空間的に限られている（イソギンチャクに住むクマノミ類など）、子の保護に両親が必要（稚魚（ちぎょ）まで保護するスズメダイの1種）など、さまざまな要因が指摘（してき）されているが、ブダイ類には当てはまる要因はなく、一夫一妻の種は知られていない。

　しかし、沖縄のブダイ類については、タグ（標識）を付けるなどして1匹1匹を個体識別し、長期的に配偶関係を調べた研究はまだない。一夫一妻やハレム型一夫多妻であることの確認には、それが不可欠である。スジブダイの派手な雄については、尾（お）ビレの模様に個体差があることに気づき、写真撮影（さつえい）して、同じ雄が毎朝同じ場所になわばりをかまえることを確認したが、その他の個体、中間サイズの派手雄や地味な雌雄については個体識別できなかった。

　20センチメートル以下の小型のベラ類については、個体識別して繁殖行動や性転換を調べることを私自身いくつもの種でやってき

た。しかし、30センチメートルを超えるようなブダイ類は、捕獲も難しく、追跡距離も大きくなるので、潜水観察には困難が伴う。スジブダイの朝夕の移動を追跡したときには、急に速く泳がれて、ついていけなくなってしまったことがたびたびあった。30、40センチメートル程度の魚でも、本気で泳げば人間よりも速く泳げるのだ。観察者がついていけないとしたら、どうしたらいいのだろう？

　最近は、サケなど大型魚類の回遊などを追跡するのに、位置情報や水温などを記録できるデータロガー（各種データを計測・保存する計器）を魚に装着して放流し、あとでロガーを回収して泳いだルートや水深を解析するという研究手法も発展してきている。小型の水中ビデオカメラを魚の頭に装着し、魚の目線で録画を行い、あとから回収して解析するという手法も開発された。こういう手法は魚類に限らず、ウミガメやペンギンやアザラシなど野生動物の研究に採用され、バイオロギング（バイオ＝生物、ロギング＝記録する）と呼ばれる新しい分野として急速に発展しつつある。これに用いられる機材はどんどん小型化・高性能化してきているので、いずれはブダイの雌雄に装着して、どの雄のなわばりにどの雌がやってきて配偶したかを、彼ら自身が撮影したビデオから解析できるようになるかもしれない。

　若い人たちにはこのような新しい手法にもどんどん挑戦してほしい。ただ私自身は、やはり自分で潜って、自分の目で見て確かめるという原始的な手法にこだわっていきたいと考えている。フィールドワークにおいては、直接観察によって得られる新たな発見がまだまだあると思うからだ。

第7章 おわりに―行動生態学の考え方

　この本ではブダイの行動・生態を紹介しつつ、さまざまな「なぜ」について考えてきた。最後に、これまでその説明に用いてきた行動生態学の考え方のポイントを整理しておこう。行動生態学という分野の基本的な考え方が確立されたのは、1970年代のことである。それ以前は、動物行動学（エソロジー）と呼ばれた分野が、動物の行動や社会の説明をしていた。

　当時の動物行動学もダーウィンの進化論（自然選択説）をふまえて、動物がなぜそのような行動をとるのかを説明しようとしていた。しかし、行動生態学の考え方と決定的に違うのは、以前の動物行動学は、種全体にとっての利益（種族繁栄・種族維持）を基準にして説明しようとしていた点である。

　たとえば、動物行動学の創始者であるローレンツは、同種どうしの攻撃では殺し合うまでエスカレートしないように、攻撃行動が「儀式化」していることを発見した。儀式化とは、負けそうになっている個体がある特定の行動（姿勢）をとると、勝っている方の個体がそれ以上攻撃するのをやめるという行動パターン（遺伝的プログラム）のことである。そのような性質が進化した理由として、同種個体を殺すことは種族繁栄（種全体の利益＝個体数の増加・維持）に反するからだとローレンツは説明した。

　しかし後に、野生のライオンやサルの仲間で「子殺し」という形

の同種殺しが一定の条件の下で起こることが明らかになってきた。群れの乗っ取りに成功した雄（おす）が、乳児（前の雄の子）を殺して、その母親である雌（めす）を発情させ、交尾（こうび）して、早く自分の子を残そうとするのである。

　第4章で説明した進化のしくみからいえば、これは当然のことである。進化とは遺伝子のコピーが増えていくことであり、コピーを増やすには自分の子をつくらなければならないからだ。つまり、自分の適応度が上がるなら、種族繁栄に反する性質も進化してしまうのである。

　このように、種全体の利益（種族繁栄・種族維持）を基準とした説明から、個体の利益（適応度）を基準とする説明へと、いわば180度見方が変わったのだ。この新しい考え方が普及（ふきゅう）しはじめたのが1970年代のことである。

　つまり、行動生態学とは、生物（動物だけでなく植物にも当てはまる）の示すある性質について、その進化的な理由（適応的意義と呼ぶ）を解明しようとする分野である。その性質をもつ個体の適応度が、それ以外の性質をもつ個体の適応度よりも大きいことを、何らかの方法で実証しようとするのである。

　こうではないかという仮説を立ててそれを実証していくことが、行動生態学に限らず、サイエンス（科学）の基本スタイルである。ただし、実証されたといっても、100％正しいわけではない。あくまでも限られた観察・計測データ（情報）をもとに、（しばしば統計学的手法を用いて精度（せいど）を高めながら）推定しているだけである。したがって、いったん実証された仮説が、後にデータが追加される

第7章　おわりに－行動生態学の考え方

ことによって、くつがえされることも、科学の歴史ではめずらしくない。というか、くりかえされてきたことである。

　というわけで、この本で説明したことについても「ほんまでっか？」と疑ってみることが、新たな発見につながるのだ。

　さあ、君も、サンゴ礁(しょう)の海に潜(もぐ)って新しい発見をしてみよう。

付表　本書に登場したブダイの学名

　本文中では和名（日本魚類学会が認めた標準和名）を用いるようにし、和名のないものについては英名のカタカナ書きを示した。ここではそれぞれに対応する学名を示しておく。沖縄に分布する種には○を、その他については主な分布域を示す。

　なお、生物の種名（学名）はラテン語の単語2つをイタリック（斜体）で表すことになっている。日本人の氏名が、たとえば山田太郎というふうに、姓と名の2つの部分からなるのと似ていて、学名の最初の単語は属名、次が種小名で、同じ属名であれば近縁であることがわかる。

ブダイ属		
タイワンブダイ	*Calotomus carolinus*	○
チビブダイ	*Calotomus spinidens*	○
ブダイ	*Calotomus japonicus*	○本州南岸
ムナテンブダイ属		
Bucktooth parrotfish	*Sparisoma radians*	カリブ海
Stoplight parrotfish	*Sparisoma viride*	カリブ海
カンムリブダイ属		
カンムリブダイ	*Bolbometopon muricatum*	○
イロブダイ属		
イロブダイ	*Cetoscarus bicolor*	○
キツネブダイ属		
キツネブダイ	*Hipposcarus longiceps*	○
Candelamoa parrotfish	*Hipposcarus harid*	インド洋
ハゲブダイ属		
オオモンハゲブダイ	*Chlorurus bowersi*	○
ナンヨウブダイ	*Chlorurus microrhinos*	○
ハゲブダイ	*Chlorurus sordidus*	○
アオブダイ属		
アオブダイ	*Scarus ovifrons*	○本州南岸
イチモンジブダイ	*Scarus forsteni*	○
オウムブダイ	*Scarus psittacus*	○
オビブダイ	*Scarus schlegeli*	○
カメレオンブダイ	*Scarus chameleon*	○
カワリブダイ	*Scarus dimidiatus*	○
キビレブダイ	*Scarus hypselopterus*	○
スジブダイ	*Scarus rivulatus*	○
ダイダイブダイ	*Scarus globiceps*	○
ヒブダイ	*Scarus ghobban*	○
ブチブダイ	*Scarus niger*	○
レモンブダイ	*Scarus quoyi*	○
Yellowfin parrotfish	*Scarus flavipectoralis*	西部太平洋

付図　世界のサンゴ礁の分布

　ピンク色に塗ったところが主なサンゴ礁海域[1]。年平均海面水温 20℃を示す青線[2] よりも内側（赤道側）の暖かい浅い海にサンゴ礁が発達している。

[1] WWFサンゴ礁保護研究センターしらほサンゴ村ウェブサイト http：//www.wwf.or.jp/shiraho/nature/nature1.html より作図。

[2] 気象庁ウェブサイト http：//www.data.kishou.go.jp/db/climate/glb_warm/sst_annual.html より作図。

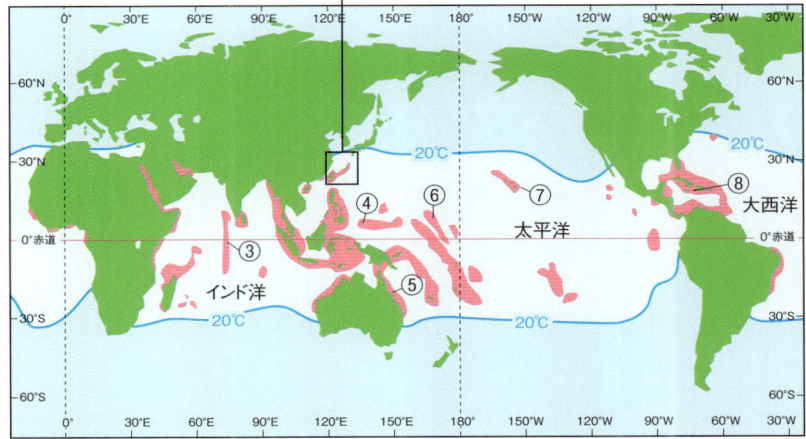

サンゴ礁
① 瀬底島　② 西表島　③ モルジブ諸島　④ パラオ　⑤ グレートバリアリーフ　⑥ マーシャル諸島　⑦ ハワイ諸島　⑧ カリブ海

参考資料・図書

●本書で紹介したブダイたちの摂餌行動や繁殖行動についての動画は次のサイトで見ることができる。

西表島のブダイ類の摂餌行動（桑村撮影）

　http：//www.momo-p.com/index.php?movieid＝momo060212ss02b&embed＝on

西表島のブダイ類の繁殖行動（桑村撮影）

　http：//www.momo-p.com/index.php?movieid＝momo060212ss01b&embed＝on

　なお、これらを含む「動物行動の映像データベース」（http：//www.momo-p.com/）では、魚類に限らず、さまざまな動物のおもしろい行動の動画を見ることができる。

パラオのカンムリブダイの大集団産卵行動（越智隆治撮影）

　http：//photo.sankei.jp.msn.com/kodawari/data/TakajiOchi/20110621palau/

　この撮影者による解説記事は、

　http：//www.web-lue.com/magazine/img/1011WEBLUE_Palau_K.pdf

●ブダイ類に限らず、魚類各種の体色を写真（水中写真あるいは標本写真）で確認したいときは、次のサイトで和名を打ち込んで検索すればよい。

魚類写真資料データベース

　http：//fishpix.kahaku.go.jp/fishimage/index.html

●魚類の行動生態の研究に興味がでてきた人は、少し難しいかもしれないが、以下の本も読んでみてほしい。

「性転換する魚たち－サンゴ礁の海から」桑村哲生（著）岩波新書（2004年）
「子育てする魚たち－性役割の起源を探る」桑村哲生（著）海游舎（2007年）
「魚類の社会行動 1 ～ 3」桑村哲生・狩野賢司・中嶋康裕・幸田正典（共編）海游舎（2001－2004年）

●サンゴ礁の魚類以外の生物についても知りたい人は、次の本を読むとよい。

「サンゴとサンゴ礁のはなし－南の海のふしぎな生態系」本川達雄（著）中公新書（2008年）

●次の図表はそれぞれ以下の論文中の図表をもとに作成した。

図 0-2：Kazancioglu E. et al. 2009 Proc. R. Soc. B 276：3439-3446

図 3-3、3-5、表 6-1：Kuwamura T. et al. 2009 Ichthyol. Res. 56：354-362

あとがき

謝辞

　西表島でブダイの調査を本格的に開始できたのは、2005年度に勤務先である中京大学の内外研究員制度を利用し、1年間授業担当を免除され、研究に専念する機会を与えていただいたおかげである。

　当時、西表島では総合地球環境研究所の研究プロジェクトが実施されており、そのメンバーになるよう誘ってくださった日高敏隆さん（同所長）、高相徳志郎さん（同プロジェクトリーダー）、酒井一彦さん（同海域班リーダー：琉球大学）、中嶋康裕さん（同海域班メンバー：日本大学）に感謝したい。また、同プロジェクトスタッフの平良裕代さんをはじめ、西表島滞在中にお世話になった多くの方々に感謝したい。

　その後の調査の一部は、日本学術振興会科学研究費補助金の助成を受けて実施した。その際、琉球大学西表研究施設および瀬底研究施設の教職員のみなさんにはさまざまな便宜を図っていただいた。

　上記の酒井一彦さんはサンゴの生態学が専門で、私が瀬底島に通いはじめた頃から瀬底研究施設に勤務されており（現教授）、サンゴについてさまざまなことを教えていただいた。

　酒井研究室の大学院に入った玉井冷子さんは、私が西表島に滞在していた2005年から、サンゴと藻類と藻食魚類（ブダイなど）の関係を解明するための野外実験を開始した。彼女の実験結果を聞き議論する中で、この問題に関してさまざまなアイデアを得ることが

できた。

　同じく酒井研に入った村山早紀さんは、修士課程1年目は私と一緒にハマサンゴの歯型の研究をしてくれたが、いくらビデオ撮影しても犯人がみつからず、このままでは修士論文を書くためのデータが集まらないと判断して、2年目は魚類のなわばり構造と性転換の関係にテーマを切り替えて卒業できた。後からわかったことだが、第1章で紹介したように、ちょうど同じ頃にオーストラリアでも女性大学院生がハマサンゴの歯型の研究をはじめて成果を出しており、1年であきらめたのは私の判断ミスだったかもしれない。

　西表島でのブダイの産卵行動観察は、佐川鉄平君（当時、琉球大学大学院博士課程）と鈴木祥平君（当時、大阪市立大学大学院博士課程）がそれぞれの調査の合間に手伝ってくれ、彼らと共著論文を書くことができた。西表の調査地で早朝にブダイたちが集まっているのを最初にみつけて教えてくれたのは、藤原彰子さん（当時、日本大学卒論生）だった。彼らをはじめ西表島で調査を共にした学生さんたちに感謝したい。

　この本を執筆することを勧めてくださったのは、恒星社厚生閣の河野元春さんで、全体の構成から細部の表現に至るまで、原稿を注意深く読んでさまざまなコメントをしてくださった。おかげで、硬くなりがちな学術書が、中学生のみなさんにも読みやすいものになったのではないかと思う。河野さんのご協力に深く感謝したい。

　この本に掲載した写真のほとんどは著者自身が撮影したものだが、一部は次の方々に提供していただいた。一色竜也さん、越智隆治さん、鈴木祥平さん、峯水　亮さん、余吾　豊さん。イラストは野

あとがき

村義彦さんが細かい注文に応じて何度も描き直してくださった。これらの方々にも心から感謝したい。

最後に、沖縄のサンゴ礁でブダイの繁殖行動・生態について、最初に潜水観察して報告したのは余吾 豊さんである（1980年）。余吾さんは私と同い年で、キンギョハナダイの繁殖行動と性転換の研究で九州大学の博士号をとり、後に『魚類の性転換』という本（東海大学出版会、1987年）を一緒につくったり、ダルマハゼの双方向の性転換について瀬底島で共同研究したこともある。しかし、4年前の8月、私が西表でブダイの調査をしているときに訃報が届いた。その数日前に電話で話したのが最後になってしまった。

今回、この本を書くにあたり、ブダイの咽頭歯の写真が手元になく、インターネットで探していたところ、余吾さんが撮影した写真（第1章の図1-18：25ページ）がヒットした。彼がつくったアンダーウォーター・ナチュラリスト協会（AUNJ）のホームページに「魚類の歯」というタイトルで彼が執筆した記事の中に掲載されていたものだ。25才の大学院生のころ、石垣島の魚屋でカンムリブダイの頭をもらい、大鍋で煮て食べたあと、頭骨と歯の標本をつくって撮影したのだそうだ。黒島にハゲブダイの繁殖行動の調査に行っていたときのことだろう。まだ私たちが知り合う前のことで、知らなかったエピソードだが、天国の余吾さんからの思いがけない贈り物だった。

この小著を、沖縄のブダイの繁殖行動研究の先駆者である、余吾 豊さんにささげたい。

桑村　哲生（くわむら　てつお）

1950年兵庫県生まれ、1969年灘高校卒業、京都大学理学部入学、1978年京都大学大学院理学研究科博士課程修了、1980年中京大学教養部講師、助教授、教授、教養部長を経て、2008年より国際教養学部教授。1999～2002年日本動物行動学会会長。
現在、中京大学国際教養学部教授。
著書「魚類生態学の基礎」「水産動物の性と行動生態」（共著、恒星社厚生閣）、「性転換する魚たち－サンゴ礁の海から」（岩波書店）、「子育てする魚たち－性役割の起源を探る」（海游舎）、「魚類の繁殖戦略1、2」（共編著、海游舎）、「生命の意味－進化生態からみた教養の生物学」（裳華房）、ほか多数。

■編集アドバイザー
阿部宏喜、天野秀臣、金子豊二、河村知彦、佐々木 剛、武田正倫、東海 正

もっと知りたい！海の生きものシリーズ②
サンゴ礁を彩るブダイ
潜水観察で謎をとく

桑村 哲生 著

2012年6月29日　初版1刷発行

発行者	片岡　一成
印刷・製本	株式会社シナノ
発行所	株式会社恒星社厚生閣

〒160-0008　東京都新宿区三栄町8
TEL　03（3359）7371（代）　FAX　03（3359）7375
http://www.kouseisha.com/

ISBN978-4-7699-1276-7 C8045　©Tetsuo Kuwamura, 2012
（定価はカバーに表示）

JCOPY　＜(社)出版者著作権管理機構 委託出版物＞

本書の無断複写は著作権法上での例外を除き禁じられています。複写される場合は、そのつど事前に、(社)出版者著作権管理機構（電話 03-3513-6969、FAX 03-3513-6979、e-mail: info@jcopy.or.jp）の許諾を得てください。